ENCYCLOPÉDIE

POPULAIRE,

ou

LES SCIENCES, LES ARTS

ET LES MÉTIERS,

MIS A LA PORTÉE DE TOUTES LES CLASSES.

L'instruction mène à la fortune
et conduit au bonheur.

Les contrefacteurs seront poursuivis selon toute la rigueur de la loi.

Extrait du Code pénal.

Art. 425. Toute édition d'écrits, de composition musicale, de dessin, de peinture ou de toute autre production, imprimée ou gravée EN ENTIER OU EN PARTIE, au mépris des lois et règlemens relatifs à la propriété des auteurs, est une contrefaçon, et toute contrefaçon est un délit.

Art. 427. La peine contre le contrefacteur, ou contre l'introducteur, sera une amende de cent francs au moins et de deux mille francs au plus, et contre le débitant, une amende de vingt-cinq francs au moins et de cinq cents francs au plus.

La confiscation de l'édition contrefaite sera prononcée tant contre le contrefacteur que contre l'introducteur et le débitant.

Les planches, moules et matrices des objets contrefaits seront aussi confisqués.

ART

DE DÉGRAISSER

ET DE

REMETTRE A NEUF LES TISSUS.

PAR E. MARTIN,

ANCIEN PROFESSEUR DE SCIENCES PHYSIQUES ET MATHÉMATIQUES, DIRECTEUR DE TEINTURE A LOUVIERS ET A ELBEUF.

PARIS,

AUDOT, ÉDITEUR,

RUE DES MAÇONS-SORBONNE, N° 11.

1828.

IMPRIMERIE DE A. HENRY,
RUE GIT-LE-COEUR, Nº 8.

INTRODUCTION.

—

Après avoir consacré trois Traités particuliers à l'exposition des théories et des pratiques de l'Art de Teindre (*), nous pensons qu'il ne sera pas hors de propos de publier, dans un quatrième Traité, par quels procédés on peut remédier sur les divers tissus colorés, à l'action produite par une infinité de substances, dont l'effet est de masquer, ternir ou même altérer les couleurs. La connaissance de ces procédés constitue l'*Art du Dégraisseur*; mais l'on conçoit qu'ils ne peuvent être saisis dans leur plus grande généralité, ni pratiqués avec un succès constant,

(*) *Chimie du Teinturier, Art de la Teinture des Laines, Art de la Teinture de la Soie, du Coton, du Lin et des Toiles imprimées.*

qu'autant que celui qui veut les exécuter a étudié les caractères des substances tinctoriales et les principes de la teinture; aussi ces deux arts, la Teinture et le Dégraissage, présentent des relations si immédiates, et le dernier paraît être si subordonné au premier dans un grand nombre de cas, qu'il n'est pas surprenant que la plupart des dégraisseurs se livrent en même tems à la pratique de la teinture, et exercent simultanément les deux professions.

La raison pour laquelle l'art du dégraissage ne peut être cultivé avec toute la perfection dont il est susceptible, que par des personnes qui ont acquis une assez grande expérience dans la teinture, est tout entière dans la réaction exercée sur les couleurs par les substances dont le dégraisseur fait usage pour enlever et faire disparaître les taches. Ces substances agissant différemment sur les couleurs selon la nature de la matière colorante qui a servi à les obtenir, il est d'une grande importance pour le dégraisseur, de pouvoir connaître, en considérant un tissu, à l'aide de quelles substances colorantes il a été teint. Alors, en effet, il use des ressources de son art en conséquence, et il n'a recours qu'à ceux de ses réactifs qui ne peuvent altérer ni la couleur, ni les fibres du tissu sur lequel il doit opérer. Ainsi, par exemple, il devra suivre une marche différente en dégraissant des tissus colorés en bleu, lorsque ces tissus auront emprunté leur couleur à l'indigo, au bois d'inde ou au bleu de Prusse. Dans le premier cas, il pourra attaquer les taches avec les réactifs les plus énergiques, et la seule chose à laquelle il devra avoir égard, sera la conservation du tissu plus altérable dans cette circonstance que la couleur bleue. Si le tissu est coloré par le bois d'inde, il n'oubliera pas que la teinture de ce bois est altérée par toutes les préparations acides, et s'il les emploie, ce devra être toujours de manière à pouvoir neutraliser leur effet par des alcalis; enfin si le tissu doit sa couleur au bleu de Prusse, ses précautions devront encore redoubler, et dans plusieurs circonstances, il faudra qu'il évite en même tems l'emploi des acides qui pourraient dissoudre le fer qui sert de base à ce bleu, et celui des alcalis qui pourraient enlever l'acide prussique au métal ; car , dans les deux cas, le tissu sera également décoloré.

Mais la couleur bleue n'est pas la seule qui exige une pratique différente dans le dégraissage, selon la nature des substances à l'aide desquelles elle a été obtenue; on peut en dire autant de la plupart des autres nuances, et les rouges de laque, de cochenille, de kermès, de garance exigent tous une manière d'opérer particulière. Il en est de même de plusieurs jaunes, des verts, des violets et de la plupart des couleurs composées; et pour attaquer les taches sur des tissus teints en ces nuances, le dégraisseur habile suit rarement une marche tout-à-fait pareille.

Si les couleurs diverses se comportent d'une manière différente avec les substances dont le dégraisseur fait usage, selon la nature de la matière colorante employée pour les obtenir, on doit bien penser que les différens tissus exigent aussi des ménagemens particuliers selon leur nature, et que la laine et la soie ne pourraient être soumises, sans être altérées, à des opérations dont le coton et le lin ne seraient endommagés en aucune sorte.

Il résulte de ces différentes considérations, que l'art du dégraisseur, pour être exercé avec toute la perfection à laquelle il est possible d'atteindre, exige des connaissances très-variées, et un discernement auquel la théorie ne peut suppléer ; mais comme l'objet de cet art est de conserver dans un état de fraîcheur et de propreté les tissus employés pour nos meubles ou nos vêtemens, et que plusieurs de ces procédés sont aussi simples qu'efficaces, nous pensons qu'un ouvrage de la nature de celui que nous publions pourra non-seulement être utile à ceux qui font leur état du dégraissage, mais encore à toutes les mères de familles qui ne considèrent pas avec dédain ou indifférence, la propreté et l'économie.

Cet ouvrage sera divisé en trois parties : dans la première, nous ferons une étude sommaire des substances employées par le dégraisseur, en insistant davantage sur celles d'entre elles dont les caractères n'ont pas été signalés dans la *Chimie du Teinturier;* dans la seconde, après avoir considéré les taches d'une manière générale, nous essayerons de les disposer en différens groupes, de manière à rapprocher les unes des autres, celles dont le traitement présente

une certaine conformité; et dans la troisième, nous exposerons la manière d'o-
pérer, dans les circonstances les plus
diverses, en mentionnant à l'aide de
quels procédés on peut redonner à chaque tissu l'espèce de lustre qui lui conviendrait en particulier.

ART

DE DÉGRAISSER

ET DE

REMETTRE A NEUF LES TISSUS.

PREMIÈRE PARTIE.

ETUDE DES DIFFÉRENTES SUBSTANCES EMPLOYÉES DANS LE DÉGRAISSAGE.

ACIDES.

Les acides sont employés assez fréquemment par le dégraisseur; mais comme nous avons signalé leurs propriétés principales dans la *Chimie du*

Teinturier, nous nous contenterons de les considérer ici en peu de mots, dans leurs rapports avec l'art du dégraissage. C'est dans cette vue que nous allons examiner successivement les acides minéraux et les acides végétaux qui sont employés par le dégraisseur.

Acide sulfureux.

L'acide sulfureux s'obtient, comme l'on sait, en brûlant du soufre au contact de l'air. Il a une odeur vive et suffocante, et la propriété de détruire beaucoup de matières colorantes, en s'emparant d'un de leurs principes constituans. C'est cette propriété qui le rend d'un usage journalier pour faire perdre à la laine et à la soie la teinte jaunâtre qui leur est naturelle, et pour enlever la plupart des taches de fruits sur des tissus blancs de toute espèce.

L'opération qui a pour objet de mettre l'acide sulfureux en contact avec les tissus, se nomme *soufrage*, elle se pratique dans une chambre bien fermée, lorsque l'on se propose de soufrer des pièces entières ; mais lorsqu'on ne veut exposer à l'action du soufre qu'une petite portion d'un tissu, on brûle le soufre sous une espèce d'entonnoir en carton, et on expose la portion qu'on veut soufrer à l'action de la vapeur qui s'échappe. Quelquefois aussi on soufre sous une corbeille ; mais c'est lorsque l'on n'a à soufrer que de petites pièces qui peuvent aisément s'y placer. En général, on peut dire qu'une corbeille à soufrer est presque toujours suffisante pour les dégraisseurs. Le soufrage dure communément de trois à quatre heures, et quelquefois une nuit entière ; mais lorsqu'il n'a pour objet que la destruction d'une tache, il ne dure que jusqu'à ce que la tache ait disparu.

Il faut avoir soin dans le soufrage de ne pas trop activer la combustion du soufre, et d'éviter de faire monter la flamme. Il faut aussi que les objets ne soient pas trop près, parce qu'ils pourraient se tacher d'une sorte d'enduit noirâtre formé de soufre incomplétement brûlé.

L'acide sulfureux n'est pas toujours employé sous forme gazeuse ; on le fait aussi dissoudre dans l'eau, et on le fait réagir dans cet état sur les taches et sur les tissus. Son action est alors plus constante, et il est plus facile de s'en rendre maître.

Lorsque des pièces ont été soufrées par la voie sèche, c'est-à-dire, dans la chambre, il est rarement d'usage de les laver. Les tissus de laine, les soieries et les chapeaux de paille se blanchissent très-bien de cette manière.

Acide sulfurique.

L'acide sulfurique, connu aussi sous le nom d'*huile de vitriol*, est employé à divers usages par le dégraisseur. Il sert à préparer la composition de bleu dont nous parlerons plus bas, et à enlever quelquefois des taches métalliques sur les tissus. Pour ce dernier usage, et en général toutes les fois qu'on le fait réagir sur les tissus, il faut avoir soin de l'étendre de soixante à cent fois son poids d'eau. Les pièces sur lesquelles on l'a fait agir doivent toujours être rincées fortement, parce qu'il en corroderait le tissu à mesure que l'humidité se dissiperait.

Acide nitrique.

L'acide nitrique, ou *eau-forte*, n'est guère employée dans le dégraissage

que pour préparer la dissolution d'étain.
Nous n'en parlerons, en conséquence,
que lorsqu'il sera question de cette dissolution.

Acide hydrochlorique.

L'acide hydrochlorique, acide muria-
tique, ou *esprit de sel*, entre aussi dans
la préparation de la dissolution d'étain,
mais il est en outre d'un assez grand
usage dans le dégraissage. C'est cet acide
que l'on emploie communément pour
examiner le degré de solidité des couleurs, et quoique son action ne puisse
être un indice certain dans tous les cas,
il ne laisse pas d'être d'une grande uti-
lité. A cet égard, on l'emploie aussi,
après l'avoir étendu d'une certaine quantité d'eau, pour neutraliser les effets
produits par les alcalis sur les couleurs,
et faire disparaître les taches causées par
ces corps, lorsque les couleurs ne sont
pas totalement altérées. L'acide hydro-
chlorique sert encore à préparer une dissolution d'étain dans laquelle on ne fait
pas entrer d'acide nitrique. Cette dissolution que l'on prépare sur le feu et que
l'on concentre jusqu'à cristallisation,

produit le sel, nommé *sel d'étain*, que l'on emploie pour aviver certaines couleurs de garance, sur les tissus de coton.

Acide acétique.

L'acide acétique, ou vinaigre rectifié, peut-être substitué à l'acide hydrochlorique pour remédier aux altérations produites par les alcalis. On peut l'employer également pour faire disparaître les rosures sur les écarlates, et aviver certaines nuances; mais son emploi principal est pour la préparation de l'acétate de fer, dont on peut presque toujours faire usage pour rendre leur teinte à des tissus noircis ou brunis par le fer, et sur lesquels ce métal s'est trouvé dissous.

Acide tartrique.

L'acide tartrique peut être employé de préférence à l'acide acétique pour faire disparaître les rosures des écarlates, et les altérations produites par les alcalis sur toutes les nuances qui ne s'obtiennent qu'au moyen de la dissolution d'étain. Cet acide jouit encore de la propriété de dissoudre le fer, et il est pré-

cieux au dégraisseur sous tous ces rapports. Cependant il est rare qu'on
l'emploie à l'état d'isolement, à cause de
son prix ; et les dégraisseurs lui substi-
tuent ordinairement le surtartrate de potasse purifié, plus connu sous le nom de
crème de tartre.

Acide citrique.

L'acide citrique jouit à peu près des
mêmes propriétés que l'acide tartrique,
et l'on peut l'employer avec succès pour
remédier aux altérations produites par
les alcalis, ou aviver certaines nuances.
Les dégraisseurs n'emploient jamais l'a-
cide citrique pur à cause de son prix
élevé, mais ils font un assez grand usage
du suc de citron.

Acide oxalique.

Cet acide produit quelques-uns des
bons effets des acides précédens, relativement à l'avivage des couleurs ; mais
sa propriété la plus remarquable est de
dissoudre le fer avec une extrême facilité, sans altérer sensiblement les tissus.
Quoiqu'il soit d'un prix assez élevé, les

dégraisseurs ont plus d'avantage à l'employer que le sel d'oseille ou sur-oxalate de potasse, parce qu'il a une action bien plus prompte et plus efficace à moindre dose.

Acide gallique.

Les dégraisseurs ne font aucun usage de l'acide gallique dans sa pureté, mais ils emploient la décoction de noix de Galle où cet acide se trouve en assez grande quantité. Cette décoction leur sert à rétablir la couleur des noirs ou des gris dans lesquels le principe astringent a été détruit.

ALCALIS.

Soude et Potasse.

Ces alcalis sont d'un grand usage dans le dégraissage, à cause de leur propriété de se combiner avec les corps gras, et de les rendre solubles. Quand on les fait agir sur des tissus blancs de coton et de lin, il est d'usage, pour augmenter leur effet, de les caustiquer, c'est-à-dire de les mêler avec un poids égal de chaux vive, de traiter le mélange par vingt fois son poids d'eau bouillante, de laisser reposer les matières, et de tirer à clair la liqueur surnageante. Cette liqueur, conservée dans des flacons bien bouchés, est étendue d'eau chaude avant que d'être employée, de manière qu'elle ne marque plus que 1 à 2 degrés à l'aréomètre.

La potasse et la soude carbonatées, c'est-à-dire dans l'état où on les rencontre dans le commerce, sont employées quelquefois directement pour le dégraissage des tissus de laine ; quelquefois on se contente d'en ajouter un peu au savon afin d'augmenter ses propriétés dissolvantes. Ces alcalis ont encore pour effet de faire renaître les couleurs altérées par les acides toutes les fois que l'altération n'a pas été trop grande.

Ammoniaque.

L'ammoniaque, ou alcali volatil, a été rarement employée par les dégraisseurs jusqu'à cette époque, et cependant elle a des propriétés qui la rendent très-précieuse. Elle agit à froid sur les corps gras beaucoup plus facilement que les autres alcalis, et conséquemment elle doit être employée de préférence pour le dégraissage des tissus de laine et de soie. Il est d'usage de l'étendre d'une certaine quantité d'eau pour affaiblir l'action qu'elle pourrait exercer sur les couleurs. Dans cet état on peut aussi l'employer avec avantage pour le rétablissement des nuances altérées par le contact des acides. Comme l'urine contient une grande quantité d'ammoniaque, lorsqu'elle a vieilli, les dégraisseurs en font un usage assez fréquent dans des circonstances où ils auraient pu employer l'ammoniaque.

COMPOSITIONS SAVONNEUSES.

Savons proprement dits.

Les savons sont d'un usage général dans le dégraissage; mais on emploie le savon blanc de Marseille de préférence aux autres, toutes les fois qu'il s'agit de détacher des tissus d'une couleur délicate ou d'un blanc parfait; le savon marbré de Marseille remplace le blanc pour la plupart des tissus de couleur, mais dans les gros ouvrages on peut faire presque toujours usage du savon vert qui attaque plus vivement les corps gras.

Composition polychreste.

On donne ce nom à des compositions savonneuses propres à enlever plusieurs sortes de taches, mais en particulier les taches grasses sur la plupart des tissus. On peut préparer une composition de ce genre en faisant dissoudre du savon dans de l'alcool et incorporant à cette dissolution des jaunes d'œufs et de la terre à foulon. On ajoute un peu d'essence de térébenthine au mélange et on le forme en petites boules. Ce sont ces boules ou savonnettes dont on fait usage pour les taches, en les employant au savonnage comme du savon. On prépare encore une composition polychreste utile dans plusieurs cas, en incorporant dans une légère dissolution de potasse, une certaine quantité de savon, de la terre à foulon et un peu d'alun et de tartre en poudre. Ces substances, après avoir été bien pétries ensemble, sont formées en petites savonnettes, les compositions savonneuses dans lesquelles on fait entrer du fiel de bœuf acquièrent de nouvelles qualités par cette addition.

Pierre à détacher.

On donne le nom de pierre à détacher à une préparation du genre des précédentes, où l'on fait entrer deux livres de terre glaise bien purgée de gravier, une demi-livre de soude, autant de savon, et huit jaunes d'œuf bien délayés dans une de-mi-livre de fiel purifié. Ces substances bien incorporées sont formées en pains dont on racle une certaine quantité pour en faire une bouillie et l'appliquer sur la tache, lorsque l'on veut s'en servir.

Essence de Savon.

On donne le nom impropre d'essence de savon à une dissolution de savon dans l'alcool. Cette dissolution qui se conserve dans des bouteilles bien bouchées pro-duit de meilleurs effets que le savon pour opérer la dissolution des corps gras.

ESSENCES.

Essence de Térébenthine.

Les essences sont d'un usage journalier dans le dégraissage parce qu'elles dissolvent facilement les corps gras et qu'elles ne produisent aucune altération sur les couleurs. Entre ces essences, la plus employée est l'essence de térébenthine qui se vend à plus bas prix que les autres; mais comme elle a une odeur forte et désagréable, on est dans l'usage de la mêler avec l'essence de lavande qui corrige un peu ce défaut. Pour que l'essence de térébenthine soit bonne, il faut qu'en en mettant sur du papier elle se volatilise entièrement en peu de tems, sans laisser de tache; du reste, lorsqu'elle a perdu ses qualités, on les lui rend en la distillant de nouveau. Lorsqu'on emploie cette essence et que la tache a disparu, il ne faut jamais oublier de couvrir la partie mouillée d'essence avec une poudre quelconque, comme de la cendre, du plâtre ou de l'argile pulvérisés, sans quoi il se formerait un cerne qui s'étendrait autant que les extrémités de cette partie mouillée. Les essences autres que l'essence de térébenthine ne demandent pas une semblable précaution.

Essence vestimentale.

C'est le nom qu'on donne à un mélange de différentes essences très-employé par les dégraisseurs ; ce n'est ordinairement que de l'essence de térébenthine mêlée avec de l'essence de lavande ou de citron. Comme ce mélange conserve encore une odeur peu agréable, nous conseillons aux particuliers qui voudraient dégraisser eux-mêmes leurs vêtemens, de n'employer que de l'essence de lavande. Les essences dissolvent parfaitement les substances grasses de nature animale ou végétale, la cire et les résines, et elles n'ont pas comme les alcalis le défaut de réagir sur les couleurs.

AUTRES SUBSTANCES DE DIFFÉRENTES NATURES EMPLOYÉES DANS LE DÉGRAISSAGE.

Alcool.

L'alcool ou esprit-de-vin est employé avec succès dans le dégraissage, pour enlever les taches de cire ou de résine sur tous les tissus. Son action est d'autant plus énergique qu'il est plus rectifié, et l'on ne doit pas l'employer au-dessous de 34 degrés à l'aréomètre de Cartier. Au défaut d'alcool, on peut recourir, pour les taches dont nous venons de parler, à l'eau de Cologne ou à l'eau de la reine de Hongrie, qui ne sont autre chose que de l'alcool tenant en dissolution de petites quantités de certaines huiles essentielles odorantes.

Fiel de Bœuf.

Le fiel de bœuf est une substance fort employée par les dégraisseurs, et qui a la propriété de dissoudre la plupart des taches graisseuses sans altérer les couleurs. Cette substance se détériore en vieillissant, mais on évite cet inconvénient en lui faisant subir une préparation particulière. A cet effet, on en prend un litre que l'on fait bouillir et que l'on écume avec soin, et pendant qu'il est encore sur le feu on y ajoute une once d'alun pulvérisé qu'on y fait dissoudre. On prend ensuite une nouvelle quantité de fiel, on la fait bouillir et on l'écume comme la première, et on y ajoute alors une once de sel marin. Ces deux parties de fiel sont mises chacune dans une bouteille que l'on tient légèrement bouchée, et, au bout de deux à trois mois, lorsqu'elles ont laissé déposer beaucoup de matière, on les décante, on les mêle, et il ne reste plus qu'à les séparer du nouveau dépôt qui se forme. Dans cet état, le fiel de bœuf peut se conserver presque indéfiniment avec toutes ses propriétés, et il n'est même plus sujet à tacher les tissus de couleur très-claire ou très-vive, comme cela peut arriver quelquefois lorsqu'on l'emploie frais. Du reste, dans la plupart des occasions, il est plus simple et non moins avantageux de l'employer frais.

Jaune d'œuf.

Le jaune d'œuf a des propriétés analogues à celle du fiel, quoique un peu moins prononcées ; du reste, il a l'avantage d'épargner les teintes les plus délicates, et c'est ce qui le rend d'un usage très-précieux. On peut l'employer en outre conjointement avec beaucoup d'autres substances, et l'on en obtient toujours de très-bons effets.

Terre à Foulon.

La terre à foulon, comme toutes les terres absorbantes, a la propriété de s'unir avec les substances grasses et de les enlever aux tissus. C'est sur cette propriété qu'est fondé le dégraissage en grand des tissus dans les moulins à foulon. Ces tissus imprégnés de l'huile qui a servi à filer la laine sont introduits dans les piles du moulin avec de la terre à foulon délayée, et là, frappés par une espèce de lourd marteau jusqu'à l'entière absorption de l'huile. Le tissu dégraissé, on introduit un filet d'eau dans la pile, et on l'entretient jusqu'à ce que la terre employée ait été complétement entraînée. Dans le dégraissage dont il est question dans ce Traité, la terre à foulon est employée avec avantage pour les taches de nature grasse. On l'applique humide sur la tache, de manière à bien pénétrer le tissu, et on l'enlève avec la brosse lorsqu'elle est sèche. La terre à foulon a l'inconvénient d'altérer certaines nuances délicates ; mais nous reviendrons plus tard sur ses usages et sur la manière dont elle doit être employée.

Chlorure de Chaux.

Le chlorure de chaux en dissolution est devenu d'un grand usage dans le dégraissage; mais il faut éviter de l'employer sur les tissus de laine ou de soie, parce qu'il leur communique une teinte jaunâtre. Le chlorure de soude, plus connu sous le nom d'eau de javelle, est employé aux mêmes usages que le chlorure de chaux, et, comme celui-ci, attaque efficacement toutes les taches formées par des sucs végétaux et même les taches de fer. Les dégraisseurs ont souvent recours à la dissolution de l'un ou de l'autre de ces chlorures pour les tissus de coton et de lin ; mais ils évitent d'en faire usage pour ceux de laine et de soie. La propriété qu'ont les tissus de nature végétale de résister à l'action du chlore, et de pouvoir être traités par les alcalis même caustiques sans être altérés, rend leur dégraissage beaucoup plus facile que celui des tissus de laine ou de soie ; aussi a-t-on l'habitude, dans tous les ménages, de dégraisser les vêtemens de coton ou de lin qui n'ont reçu aucune teinture. Si l'on les livre au dégraisseur lorsqu'ils sont teints, ce n'est pas que l'on ignore le moyen d'enlever la tache sans altérer le tissu ; mais c'est que l'on craint d'en altérer la couleur.

Sulfure de Potasse.

Le sulfure de potasse, communément nommé foie de soufre, est une combinaison de potasse et de soufre que l'on forme en chauffant de la potasse et du soufre sur une pelle de fer ou dans un creuset. Cette combinaison se conserve dans des vases bien fermés, et on la dissout dans l'eau pour l'employer. La dissolution du sulfure de potasse est employée utilement contre certaines taches de fruits très-persistantes, mais on évite d'en faire usage sur des tissus colorés parce qu'elle altère aisément toutes les nuances.

Dissolution d'Étain.

Nous avons déjà parlé de l'hydro-chlorate d'étain dont on fait usage quelquefois pour aviver certaines couleurs, et celles de garance en particulier; la dissolution dont nous allons parler est un hydro-chlorate-nitrate de la même base que l'on prépare, en faisant réagir sur de l'étain de l'acide nitrique auquel on a ajouté une quantité d'acide hydro-chlorique ou d'un hydro-chlorate alcalin. Nous avons déjà mentionné dans notre *Traité de la Teinture des Laines,* à l'article de l'*Écarlate*, de quelle manière on devait s'y prendre pour obtenir une dissolution d'étain produisant de très-bons effets ; nous reviendrons néanmoins sur cette matière, parce que M. Lenormand lui a consacré plusieurs pages dans son *Traité de l'Art du Dégraisseur,* et que nous ne partageons pas l'opinion qu'il a émise. Cet habile technologiste propose de mêler trois parties d'acide hydro-chlorique et une d'acide nitrique, et de faire dissoudre dans le mélange le huitième de son poids d'étain ; et, à son sens, la dissolution obtenue de cette manière doit être préférée à toutes les autres. Il dit même que toutes les autres méthodes sont vicieuses ; et il ajoute en outre que lorsque l'étain est bien pur, il ne se forme pas de dépôt dans les vases où se prépare la dissolution, tandis qu'en suivant les autres méthodes, il s'en forme constamment. Nous répondrons à ces assertions de M. Lenormand, par l'exposé de différens faits que nous avons souvent constatés. Nous regardons l'écarlate telle que savent l'obtenir plusieurs teintu-

riers, comme une nuance à la perfection
de laquelle il n'y a rien à ajouter, lorsqu'on la produit dans des vaisseaux d'é-
tain ou de bois blanc chauffés à la vapeur, et qu'on emploie de belle crème
de tartre. Quant à la dissolution d'étain,
les teinturiers qui réussissent le mieux,
la préparent avec une partie d'acide
nitrique, un huitième de sel ammoniac
ou de sel marin, et un huitième d'étain,
et ils ajoutent une partie d'eau à l'acide,
avant que de le faire agir sur le métal.
La dissolution ainsi préparée peut être
employée de suite ; mais quelques teinturiers ne l'emploient qu'après y avoir
ajouté encore une partie ou une demi-
partie d'eau. Nous avons constaté, par
une pratique de plusieurs années, qu'a-
vec une semblable dissolution, on pouvait obtenir les résultats les plus par-
faits ; et, si M. Lonormand n'a pas été
conduit à conclure la même chose d'a-
près ses essais, c'est que, sans doute, il
aura omis quelque circonstance impor-
tante dans d'autres parties de ses opérations. Voici, du reste, quelques observations que nous avons eu occasion de
faire en préparant la dissolution d'étain.
Lorsque le mélange d'acide nitrique et

d'eau, à parties égales, a été fait, et que l'hydro-chlorate de soude ou d'ammoniaque dont on fait usage y a été dissous entièrement, il peut arriver que ce mélange agisse très-vivement sur l'étain, ou qu'il agisse avec beaucoup de lenteur. S'il agit vivement, ce qui peut être causé par l'introduction simultanée de tout l'étain, dans un grand état de division, il se dégage beaucoup de vapeurs rutilantes; le mélange acquiert une température très-élevée, l'étain se dissout en peu de tems, et la dissolution reste sans couleur et sans dépôt. Si, au contraire, la liqueur acide agit lentement, et si sa température ne s'élève que de quelques degrés, il ne s'opère qu'un dégagement presque insensible de vapeurs rutilantes, et la liqueur qui en retient une certaine quantité en dissolution, se colore légèrement en jaune-brun. Dans ce cas, la dissolution d'étain contient toujours un dépôt noirâtre formé d'oxide d'étain non dissous; mais ce dépôt n'est pas un indice que la dissolution soit mauvaise; au contraire, on peut employer hardiment celle où il s'en trouve, ou la conserver sans l'employer pendant plusieurs mois.

Au bout de ce terme, ou quelquefois d'un terme moins long, la dissolution dont nous parlons change d'apparence et devient laiteuse, par suite de l'oxidation du métal; et les ouvriers, pour désigner ce changement, disent que la composition a tourné. Dans cet état, ils se gardent communément de l'employer. Un pareil changement se manifeste beaucoup plus tôt dans la dissolution qui s'est faite d'une manière très-tumultueuse, et où il n'y a pas eu de dépôt; mais cette apparence laiteuse ne doit pas être une raison pour déterminer à jeter la dissolution. Il nous est arrivé souvent d'en employer de pareille pour les usages de la teinture avec un succès parfait; et, dans tous les cas, on peut la rétablir entièrement, en y ajoutant, dans les proportions ordinaires, de l'acide, de l'étain, du sel et de l'eau.

Le lecteur nous pardonnnera cette digression sur la dissolution d'étain, parce que la pratique suivie par les teinturiers est fondée en raison, et qu'on ne l'attaque que faute de la connaître suffisamment; quant à nous, nous déclarons que nous regardons la teinture de l'écarlate et tout ce qui s'y rapporte, comme pratiquée avec un degré de perfection aussi avancé qu'il est possible de l'espérer dans des ateliers. Nous n'entendons pas pour cela que l'on ne doive pas apporter de soin dans le choix des matériaux; au contraire, il faut que l'acide nitrique marque de 32 à 36 degrés à l'aréomètre de Baumé, et qu'il soit aussi pur que celui que vendent les fabricans de produits chimiques qui tiennent à la réputation de leur maison. Quant à l'étain, on peut employer hardiment celui qui est connu dans le commerce sous le nom d'étain fin d'Angleterre. Avec ces précautions, on ne doit pas craindre de mal opérer.

La dissolution d'étain proposée par M. Lenormand diffère de la dissolution communément employée, par la quantité d'acide hydro-chlorique qu'elle contient. Nous ne doutons pas qu'avec cette dissolution, il soit possible d'obtenir de bons résultats; mais nous préférons cependant l'autre méthode, parce que nous avons remarqué que la prédominance de l'acide nitrique dans la dissolution était constamment avantageuse. En effet, que l'on mêle quinze parties d'acide hydro-chlorique avec une partie d'acide nitrique, et qu'on fasse agir ce mélange sur deux parties d'étain, et l'on verra qu'une dissolution ainsi obtenue sera loin de produire les bons effets de la dissolution ordinaire. Ce résultat ne paraîtra pas surprenant, si l'on pense que l'hydro-chlorate d'étain ne peut pas servir à la teinture écarlate, et que l'addition d'une très-petite quantité d'acide nitrique ne peut pas changer d'une manière assez prononcée, les propriétés de ce sel.

La dissolution d'étain est d'un usage journalier dans le dégraissage. Elle a la propriété de rendre leur éclat à la plupart des nuances pour lesquelles elle a été employée comme mordant; elle détruit l'effet des sucs astringens, et remédie, avec avantage, aux altérations produites par les alcalis. Elle est surtout fort employée pour les rosures de l'écarlate; mais, dans ce cas, les résultats que l'on en obtient sont toujours meilleurs, lorsqu'on y ajoute de la crème de tartre pulvérisée et quelques pincées de cochenille. Ces matières forment un dépôt dans la liqueur, mais il en reste toujours une quantité suffisante en dissolution, pour communiquer de nouvelles propriétés à la partie claire.

Dissolution d'Indigo.

La dissolution sulfurique de l'indigo à laquelle on donne quelquefois le nom impropre de bleu chimique, s'obtient en faisant réagir à la température de 4o degrés, quatre ou six parties d'acide sulfurique sur une partie d'indigo bien pulvérisé. Lorsque la dissolution est opérée, on ajoute une demi-partie de potasse; cette dissolution s'emploie pour donner un œil de bleu à divers tissus. A cet effet, on en verse une petite quantité dans l'eau, et l'on passe dans cette eau les tissus que l'on veut azurer; quelquefois, on donne l'azur sur un léger bain de savon.

Boules de Bleu.

La dissolution sulfurique de l'indigo est quelquefois saturée par un mélange de bonne potasse et de savon que l'on réduit en poudre très-fine et que l'on prépare séparément; ce mélange préparé, on y incorpore un quart de partie d'alun, et on amalgame ensuite le tout avec la dissolution de l'indigo. Il en résulte une pâte bleue assez consistante que l'on forme en boules.

Cette préparation n'est pas la seule en usage ; quelquefois, on sature la dissolution sulfurique de l'indigo avec de la craie ; et, quand la saturation est complète, on ajoute cinq ou six fois autant d'amidon qu'on a employé d'indigo. Ces matières bien incorporées, on ajoute encore des quantités variables de marbre blanc pulvérisé, et l'on porphyrise le tout avec soin, avant que de le former en boules.

SECONDE PARTIE.

CONSIDÉRATIONS SUR LES TACHES.

LES tissus employés pour les meubles ou les vêtemens sont sujets à se trouver en contact avec des substances de différente nature qui peuvent en altérer les couleurs, ou du moins les salir et leur laisser une espèce d'enduit plus ou moins permanent qu'on appelle tache. La plupart des taches proviennent du contact de certaines matières grasses, et c'est pour cela que l'art de détacher les tissus a reçu le nom particulier de dégraissage; mais ces taches sont loin cependant d'être les seules auxquelles on soit exposé.

Les acides, les alcalis, les sels métalliques, les sucs végétaux, les sécrétions animales, etc., occasionent également des taches qui demandent à être traitées d'une manière particulière pour être enlevées. Nous nous proposons, dans cette seconde partie de l'art du dégraissage, de passer successivement en revue ces différentes espèces de taches, et d'indiquer à l'aide de quelles préparations on peut les faire disparaître. On conçoit qu'elles demandent toutes une manière particulière d'opérer, selon leur nature. Dans les unes, la couleur est recouverte sans être altérée; dans d'autres, elle est altérée sans être détruite, et dans d'autres enfin sa destruction est complète. Dans ce dernier cas, on peut bien enlever la matière tachante, mais comme il n'est pas possible de rétablir la couleur, il faut recouvrir la place tachée d'une teinture propre à se combiner avec le tissu. Cette teinture doit être préparée comme nous avons indiqué, dans notre Traité de teinture, que se préparaient les couleurs d'application pour les toiles ; mais on doit sentir que le dégraisseur ne peut parfaitement réussir dans cette partie de son art, qu'autant qu'il est en même tems teinturier habile. Lorsque le tissu n'est pas ras, et qu'il n'y a que le poil de décoloré, on enlève ce poil avec un instrument tranchant, et on gratte légèrement le tissu avec un chardon pour en faire renaître d'autre.

La lecture attentive de la première partie de ce Traité a déjà donné une connaissance sommaire des procédés que l'on peut mettre en usage pour faire disparaître la plupart des taches. L'on sait déjà que les taches occasionées par les acides sont enlevées généralement par les alcalis, et que les taches occasionées par les alcalis cèdent à l'action des acides faibles et surtout des acides végétaux. On a vu en outre que les taches de fruits et les décoctions végétales cédaient à l'action du gaz sulfureux, des chlorures alcalines ou du sulfure de potasse ; que les taches métalliques étaient enlevées par certains acides ; que les alcalis, les essences et l'alcool étaient des dissolvans appropriés pour les matières grasses et résineuses, et que les taches les plus composées ne résistaient pas à diverses préparations savonneuses ou à l'action successive de quelques-unes des autres substances déjà signalées. Ces résultats généraux sont propres à donner au lecteur une idée sommaire de l'art que nous traitons, et il nous suivra facilement dans l'examen particulier que nous allons faire des différentes espèces de taches.

Taches occasionées par les Acides.

Les acides minéraux, mais surtout les acides sulfurique et nitrique concentrés détruisent toutes les couleurs et tous les tissus, et quand cet effet a eu lieu, il n'y a plus aucun remède à tenter. Le seul remède que l'on puisse leur opposer, dès le commencement de leur action, est une dissolution de potasse ou de savon; mais, dans ce cas même, le tissu reste plus ou moins endommagé. Quant aux couleurs, la plupart sont altérées sans retour par un contact de peu de durée; cependant l'acide sulfurique épargne le bleu de l'indigo et le bleu de Prusse, et le rouge de garance sur coton résiste quelque tems à l'acide nitrique.

L'acide hydrochlorique a des effets moins prononcés sur les couleurs et sur les tissus que les deux dont nous venons de parler, et, à cet égard, il se rapproche des acides végétaux. Ceux-ci, tels que le vinaigre et les sucs du citron, de l'orange, de la groseille, de l'oseille, etc., rougissent les couleurs bleues, noires, grises, fauves, violettes, puces, etc., où il entre du bois d'Inde, de l'orseille, des astringens et des dissolutions ferrugineuses, mais ils n'altèrent pas sensiblement les violets de garance; ils n'altèrent pas non plus sensiblement les rouges de cette substance, mais ils éclaircissent ceux de Brésil et de cochenille, et, par un contact prolongé, finissent par les appauvrir, ou même, s'ils sont dans un état de concentration suffisant, par les jaunir entièrement. Quant aux jaunes, ils en affaiblissent la teinte et les décolorent peu à peu, et il n'y a que ceux dans lesquels on emploie la dissolution d'étain comme mordant qui leur résistent avec assez d'avantage.

Lorsqu'après avoir employé un alcali pour faire disparaître une tache produite par un acide sur les bruns, violets, bleus, ponceaux, etc., il reste une tache jaune, on emploie la dissolution d'étain pour faire renaître la couleur, et si ce moyen ne suffit pas, on a recours à quelqu'un de ceux qui sont mentionnés plus bas.

Une dissolution ferrugineuse ramène la teinte des couleurs brunies par la couperose et un astringent ; et lorsque les noirs de bois d'Inde ont été rougis par les acides, et qu'on a fait virer la tache au jaune par les alcalis, on les rétablit au moyen d'une dissolution astringente.

Les bleus de bois d'Inde qui se trouvent altérés, se raniment avec un peu de bois d'Inde et un sel de cuivre. Les couleurs brunes, qui ne peuvent se rétablir avec une dissolution ferrugineuse, pour avoir été trop fortement altérées, se déguisent avec un peu d'orseille et d'eau, et ce palliatif réussit également sur la soie et les draperies. Quant aux couleurs rouges de cochenille ou de garance qui ont été jaunies par un acide végétal, elles se rétablissent avec de la cendre appliquée avec précaution, ou avec tout autre alcali. Entre ces alcalis, l'ammoniaque mérite d'être préférée ordinairement, parce qu'elle n'attaque pas les tissus, et qu'elle agit instantanément ; on l'emploie, après l'avoir étendue d'une certaine quantité d'eau.

Pour faire remonter le jaune d'une couleur verte altérée par les acides faibles, on étend de la cendre sur la tache, et, après avoir mis du papier sur cette tache, on applique un fer chaud sur le tout. Cette méthode réussit particulièrement avec les jaunes de gaude.

Taches occasionées par les alcalis, l'urine et la sueur.

Les alcalis verdissent et finissent par jaunir les couleurs bleues de bois d'Inde; mais lorsque leur contact n'est pas prolongé, ils ne font que les aviver; ils rosent les nuances écarlates de bois de Brésil et de cochenille, et finissent par les faire virer au violet; ils rehaussent la couleur des différens jaunes, et font même prendre à quelques-uns une teinte orangée rougeâtre, et, par suite de cette propriété, ils altèrent la nuance des verts et les font incliner au jaune.

L'urine vieillie produit des effets analogues à ceux des alcalis, et l'on combat de la même manière les altérations qu'elle occasione. Les acides végétaux, et surtout l'acide oxalique, sont un remède souverain en pareil cas; mais si la tache est récente, et si elle a été produite par de l'urine fraîche, on peut combattre ses effets par l'ammoniaque, parce que, avant que d'avoir vieilli, elle agit comme les acides faibles. Dans tous les cas, on peut commencer par l'application de l'ammoniaque, et si la tache ne disparaît pas entièrement, on ajoute de l'acide oxalique. La tache pourrait aussi être traitée immédiatement par le sel d'oseille.

Les taches de sueur s'enlèvent de la même manière que celles d'urine, par l'emploi de l'ammoniaque, de l'acide oxalique ou du sel d'oseille; mais il faut toujours recourir à des précautions d'autant plus grandes que la nuance est plus délicate, et se régler sur son plus ou moins de solidité pour la force des dissolutions qu'on emploie.

Taches de Rouille ou d'oxide de Fer.

Le fer, dans ses différens états d'oxidation, produit fréquemment des taches sur les tissus, et en particulier sur ceux de coton et de lin, à cause de son affinité prédominante pour ces substances. Lorsqu'il est à l'état d'oxide noir, il est beaucoup moins adhérent qu'à l'état d'oxide rouge, et on peut l'enlever facilement à l'aide des acides sulfurique ou hydrochlorique étendus d'eau; mais comme ces acides détériorent presque toutes les couleurs, on ne les emploie guère que lorsque le tissu n'a reçu aucune teinture; dans le cas contraire, on leur substitue l'acide tartrique ou la crème de tartre que l'on réduit en poudre et qu'on applique sur la tache humectée.

Lorsque les taches sont produites par l'oxide rouge de fer, on les enlève avec de l'acide oxalique qui dissout l'oxide avec une grande facilité; on pourrait encore les enlever avec le chlorure de chaux ou l'eau de javelle; mais l'emploi de l'acide oxalique est préférable parce qu'il n'endommage pas les couleurs autant que les chlorures et qu'il agit avec plus de promptitude encore.

Quelques dégraisseurs emploient le sel d'oseille ou oxalate de potasse beaucoup plus fréquemment que l'acide oxalique, et les couleurs se trouvent par-là moins fatiguées; mais toutes les fois que l'on a à opérer sur un tissu blanc, le sel d'oseille, à cause de la lenteur de son action est d'un emploi moins avantageux. Du reste, il est possible d'augmenter la force dissolvante du sel d'oseille en l'employant à chaud. A cet effet, on en met sur la tache humide quelques parcelles bien pulvérisées, l'on recouvre le tout d'un papier, et l'on repasse avec un fer chaud. En mouillant de nouveau la tache deux ou trois fois, et renouvelant la même opération, on finit par enlever tout le fer. Nous ne conseillons pas de recourir à cette pratique pour les tissus colorés, parce que, à une température élevée, le sel d'oseille produit des effets plus funestes sur les couleurs que l'acide oxalique employé à froid.

Taches d'Encre.

Les taches d'encre ressemblent, à beaucoup d'égard, aux taches de rouille, relativement au traitement qu'elles nécessitent, parce que l'encre est formée d'une décoction végétale et d'un sel de fer. Lorsqu'elles sont fraîches, elles s'enlèvent facilement, et il suffit de les laver avec soin pour en entraîner la plus grande partie; après cela, on emploie un acide affaibli qui en efface tout-à-fait l'empreinte. Lorsqu'elles sont anciennes, elles ne cèdent qu'à l'acide oxalique ou à l'action d'un chlorure. Cependant, dans les ménages où l'on n'a ni acide oxalique, ni chlore, on peut enlever les taches d'encre sur les tissus blancs, en les frottant avec de l'oseille verte, et en les mettant ensuite à la lessive, ils en sortent d'un blanc parfait.

Taches d'Onguent mercuriel.

L'onguent mercuriel qui se compose de mercure très-divisé, retenu dans cet état par de la graisse, tache le linge en une couleur d'un gris foncé sale, qui résiste à la plupart des réactifs. On fait disparaître ces sortes de taches par une lessive caustique donnée à chaud; et, après la lessive qui dissout la substance grasse, on emploie une forte dissolution de chlorure qui attaque le métal, et qu'on renouvelle jusqu'à ce que la tache ait disparu. On donne ensuite un bon savonnage, et le linge a repris son blanc naturel.

Taches de Boue.

Les effets des taches de boue sont variables comme la composition de cette substance, et conséquemment on ne peut prescrire à cet égard aucun traitement général. La boue des campagnes laisse rarement de traces sur les tissus, lorsque le sol est de nature sablonneuse, et qu'il ne se trouve pas mêlé momentanément avec des d'étritus de substances végétales ou animales, ou différens sels minéraux. Lorsque le sol est de nature crayeuse, il agit souvent sur les couleurs tendres comme un léger alcali ; mais son action devient plus complexe lorsqu'il renferme à la fois de la craie, de la magnésie et de l'alumine. Dans ce cas, la boue rose l'écarlate, et produit des taches que l'on n'enlève qu'avec du suc de citron, ou un autre acide végétal employé avec précaution. Elle fait pâlir légèrement les couleurs de gaude que l'on rétablit avec une légère dissolution alcaline, et elle tache les verts de Saxe en attaquant le bleu produit par la dissolution sulfurique de l'indigo. Elle tache aussi les différentes couleurs petit teint, où cette dissolution d'indigo est employée comme matière colorante.

Dans les villes et les villages, la boue altère plus sensiblement les couleurs, et forme des taches plus permanentes. Ce sont des décoctions végétales et animales jetées dans les rues, des détritus provenant des substances variées qui sont employés dans les arts, et des oxides métal-

liques unis quelquefois au soufre et qui
sont tenus en suspension dans ce mélange.
Ces sortes de taches se dissipent ordinairement par un savonnage, mais lorsque
le tissu retient un oxide de fer en combinaison, il faut recourir à l'acide sulfurique, ou à de l'acide tartrique affaibli.
On pourrait aussi employer la crème de
tartre, et ce sel serait même toujours
préférable si le tissu était coloré. Nous ne
recommandons pas ici l'acide oxalique,
parce que dans ces sortes de taches, le fer
n'est presque jamais qu'à un degré d'oxidation peu élevé.

Si l'étoffe tachée de boue était d'une
nuance peu solide, et qu'après le lavage
à l'eau et un léger savonnage, il ne restât
qu'une nuance terne très-peu sensible,
il y aurait très-peu d'avantage à tenter de
l'enlever tout-à-fait ; car il serait certain
que les réactifs employés à cet effet, pro-
duiraient une altération bien plus prononcée.

Taches d'Huile, de Graisse ou de Suif.

Les taches formées par les corps gras
sont les plus communes, et il est facile
de les distinguer de toutes les autres,

parce qu'elles donnent une teinte plus foncée et d'un gris sale, aux couleurs claires, tandis qu'elles éclaircissent les couleurs foncées par la poussière qu'elles retiennent. et qui forme sur le tissu un enduit terreux. Ces sortes de taches s'enlèvent à l'aide de corps qui dissolvent la substance grasse, et mettent à nu le tissu qui s'en trouvait imprégné; et si l'on se rappelle ce qui a été dit dans la première partie, on doit savoir qu'il y a bien des manières de les attaquer.

Les alcalis fixes ont la propriété de dissoudre les corps gras, surtout après avoir été rendus caustiques; mais il n'y a de l'avantage à les employer que sur les tissus blancs de coton et de lin, parce qu'ils endommageraient la laine et la soie, et qu'ils exercent une action trop vive sur les couleurs; le bleu d'indigo et le rouge de garance, appelé rouge des Indes, étant les seules qui n'en soient pas sensiblement altérées. Il ne faut pas confondre l'ammoniaque, ou alcali volatil, avec les alcalis fixes; son emploi est beaucoup moins dangereux. Le savon et les compositions savonneuses dont nous avons parlé dans la première partie, ont aussi la propriété de dissoudre les corps gras. Ces substances n'altèrent pas les étoffes et ne produisent aucun effet sur les couleurs solides ; et si elles dégradent les couleurs petit-teint, il est ordinairement très-facile de les rétablir. Le savon proprement dit agit avec moins d'énergie sur les taches grasses que les matières savonneuses dont nous avons donné la composition. Si on l'emploie lorsque la tache est récente, il y a quelque probabilité de succès, mais sur les taches anciennes, il est bien rare que l'on réussisse parfaitement et que les taches ne finissent pas par reparaître comme auparavant.

Les terres absorbantes et savonneuses sont très-propres à enlever les taches de graisse, mais on ne les emploie pas pour toute espèce de tissus. On sait aussi qu'elles produisent une légère altération sur plusieurs nuances, mais il est toujours facile d'y porter remède. Le fiel de bœuf est d'un usage plus général, et l'on a moins à craindre de son action sur les couleurs. Lorsqu'il est frais, il n'y a guère que des nuances très-claires et très-délicates sur lesquelles il puisse laisser quelque empreinte ; mais il n'en laisse aucune lorsqu'il a été préparé. Dans cet état, c'est une des substances les plus précieuses dans le dégraissage, et il est souvent préférable à l'essence de térébenthine et aux essences vestimentales, parce qu'il est sans odeur.

Le jaune d'œuf a toutes les propriétés du fiel, mais à un moindre degré ; cependant comme on n'a pas toujours de fiel préparé, on l'emploie de préférence au fiel récent pour les couleurs délicates.

Les taches de nature grasse cèdent promptement à l'action des différentes essences qui les dissolvent avec une grande facilité, et que l'on emploie toujours sans danger, parce qu'elles n'offensent aucune couleur. Ces essences doivent toujours être récentes ou récemment distillées. La plus en usage chez les dégraisseurs est l'essence de térébenthine, mais elle communique aux tissus une mauvaise odeur qui subsiste pendant plusieurs jours, et que l'on ne dissipe pas entièrement en faisant sécher les tissus devant un grand feu. On remédie en partie à cet inconvénient, en la mêlant avec un peu d'essence de lavande ou de citron ; mais il est toujours mieux, lorsque l'on le peut, d'employer ces dernières essences pures.

Les taches grasses dont nous venons

de parler, s'enlèvent avec une grande facilité sur les tissus de coton ou de lin, parce que ces tissus n'éprouvent aucun dommage de la réaction des alcalis, et que lorsqu'ils sont colorés, on peut les traiter par le fiel ou par les essences. Les tissus de laine ou de soie exigent des précautions particulières. Nous ne prescrivons pas, à l'égard des tissus de laine, l'emploi d'un charbon ardent que l'on leur présente, et qui ne fait qu'étendre la matière grasse sur plus d'espace et affaiblir son effet; nous ne pensons pas non plus que des charbons rouges étouffés dans un linge humide aient le pouvoir de vaporiser la matière grasse ou de l'absorber. Nous croyons que tous ces moyens ne sont que des palliatifs de peu de durée, et nous conseillons l'emploi des terres absorbantes, des essences ou du fiel de bœuf. Cependant, si la tache était toute fraîche, l'application d'un papier joseph et d'un fer chaud suffirait pour la faire disparaître totalement.

Sur les couleurs vives comme l'écarlate, les taches de suif peuvent être enlevées à l'essence ; mais, si l'on emploie le fiel, il faut les travailler avec précaution. A cet effet, on introduit le fiel pur, c'est-à-dire, sans être étendu d'eau, dans le milieu de la tache, et on l'étend avec une petite aiguille à tricoter, de manière qu'il pénètre dans tout le tissu. Quand la matière grasse est détruite, on rince la tache avec du jus de citron, et on lui fait perdre, de cette manière, la teinte rosée qu'elle pourrait avoir prise. Lorsqu'on emploie du jaune d'œuf sur les écarlates, il n'y a pas de rosure produite; au contraire, le jaune d'œuf a la propriété de déroser les écarlates.

La soie exige d'autres précautions que la laine; et le meilleur parti que l'on ait à prendre pour enlever les taches grasses qui la salissent, est de recourir à l'essence de térébenthine. On met un linge au-dessous du tissu de soie à l'endroit taché, et l'on frotte légèrement la tache avec une petite boule de coton imbibée d'essence. La matière grasse abandonne le tissu et est entraînée par l'essence sur le linge qui est au-dessous. Lorsque la tache est enlevée, il est à propos de recouvrir la place mouillée avec de la terre glaise réduite en poudre, ou un peu de cendre passée au tamis ; sans cela, il se formerait un cerne autour de l'endroit mouillé. Si l'on employait l'essence de lavande ou celle de citron, on n'aurait pas à craindre de cerne, et l'addition de la terre glaise serait inutile.

Taches de Cire.

Les taches de cire peuvent s'enlever à l'aide de l'alcool, des essences ou des alcalis ; mais l'alcool et les essences sont d'un usage presque exclusif, parce que les couleurs n'en sont nullement endommagées. On peut aussi, lorsque la tache est récente, employer le papier joseph et un fer chaud, parce que la cire se porte sur le papier que l'on change de place tant qu'il se tache ; mais nous regardons comme un mauvais palliatif, l'usage où l'on est de présenter un charbon ardent à l'endroit taché, comme si la cire pouvait se vaporiser par ce seul moyen. Par ce procédé, loin de détruire la tache, on l'étend sur une plus grande surface.

Taches de Goudron, Résine, Vernis, Peinture, etc.

Les substances résineuses, forment des taches tenaces qu'il serait très-difficile d'enlever si on ne les traitait par des réactifs appropriés. L'alcool ou les liqueurs alcooliques, telles que l'eau de Cologne et l'eau de la reine de Hongrie, sont les agens les plus efficaces pour enlever ces sortes de taches ; mais l'on peut employer aussi avec succès les essences. Les taches de résine, de poix, de térébenthine se traitent par l'alcool, et elles disparaissent en les lavant avec ce liquide. Toutes les étoffes se détachent facilement par ce procédé, quant aux taches de goudron, de peinture à l'huile, ou de vernis, on les ramollit en les imbibant de beurre frais, après quoi on peut les enlever avec de la glaise que l'on étend sur la tache à plusieurs reprises. On pourrait aussi employer la pierre à détacher dont on délayerait une certaine quantité dans l'eau pour en former une pâte claire qu'on appliquerait sur la tache. Cette pâte séchée, on l'enlèverait avec une brosse, et si la tache n'avait pas complétement disparu, on recommencerait la même manœuvre. La terre glaise pourrait être substituée à la pierre à détacher, mais il ne faudrait pas oublier qu'elle ménage moins les couleurs.

Les taches de peinture à l'huile et de vernis gras, peuvent s'enlever encore par d'autres moyens. Si la tache est toute récente, il suffit souvent de la frotter avec de la mie de pain que l'on renouvelle jusqu'à ce que tout paraisse enlevé. Si elle est ancienne, on peut employer de l'essence pour imbiber la tache, et lorsqu'elle est bien ramollie, on enlève la partie grasse de la peinture avec une nouvelle quantité d'essence. Quant à la partie ocreuse, elle se détache sous forme de poudre, lorsque l'huile en a été séparée. Les vernis ne laissent pas comme la peinture, des parties poudreuses. Toutes les substances dont ils sont formés se dissolvent en même tems et sont entraînées par l'essence.

Taches de Cambouis.

Les taches de cambouis ne peuvent être enlevées à l'aide d'un seul réactif, à cause du fer qu'elles contiennent, et qui ne peut être dissous par les mêmes moyens que la partie grasse. En conséquence ces taches doivent être traitées d'abord par des substances propres à dissoudre la graisse, comme les essences, le fiel, le savon et les préparations savonneuses. Après cela, il ne reste que le fer à enlever, et l'on réussit presque toujours aisément, en recourant, selon le degré d'oxidation du métal, et la nature de l'étoffe et de la couleur, à l'acide sulfurique affaibli, au suc de citron, à la crème de tartre ou à l'acide oxalique.

Si le tissu taché de cambouis était d'une couleur très-fugace, on enlèverait la matière grasse avec du jaune d'œuf, et l'on ne toucherait pas au métal, si l'on ne pouvait l'enlever sans produire une altération de la couleur encore plus sensible.

Taches de Suie, de Fumée et de la liqueur des Tuyaux de poêles.

Les taches de suie et de fumée ont la plus grande analogie, et l'on peut les traiter absolument de la même manière. Les taches de dégoutture de tuyaux de poêles, ont aussi une composition analogue, mais elles contiennent en outre du fer qu'il faut enlever lorsque l'effet des autres substances a été détruit. Un savonnage suffit pour faire disparaître les taches de fumée, mais il ne suffit pas pour celles de suie et les dégouttures de tuyaux de poêles ; il faut recourir à l'essence de térébenthine ou au fiel de bœuf. Après cela on emploie l'acide oxalique pour enlever le fer que la liqueur des poêles avait entraîné.

Taches de Café.

La décoction du café produit une tache qu'il est très-difficile de faire disparaître entièrement sur les couleurs peu solides, sans s'exposer à endommager ces couleurs. Lorsque la tache est toute récente, elle cède beaucoup à l'eau et encore plus au savonnage ; mais lorsqu'elle est ancienne, le savonnage ne l'affaiblit que fort peu. Des savonnages et des soufrages successifs la font disparaître presqu'entièrement, mais il y a peu de couleurs qui puissent résister, sans s'altérer, à plusieurs soufrages ; le sulfure de potasse pourrait produire le même effet que les soufrages, mais cette substance endommagerait également les couleurs.

Taches de Chocolat.

Le chocolat à l'eau produit des taches qui s'enlèvent avec beaucoup plus de facilité que celles de café, et qui ne résistent pas ordinairement à un simple savonnage. Dans le cas où elles n'auraient pas totalement disparu dans le savonnage, on les traiterait par une légère dissolution de chlorure ou l'eau de javelle, si elles étaient sur des tissus de coton et de lin, et par le gaz sulfureux si elles étaient sur des tissus de laine ou de soie. On pourrait aussi employer avec avantage les essences ou le suc de citron. Lorsque le chocolat est préparé au lait, il produit des taches moins persistantes, qui peuvent toujours être enlevées par un savonnage, le café au lait se comporte absolument de la même manière.

Taches de Fruits.

Le suc des fruits produit des taches

de différente nature qui ne peuvent pas toujours être enlevées par un savonnage. Les taches produites par les groseilles, les fraises, les framboises, les cerises cèdent beaucoup à l'eau et au savonnage, mais d'ordinaire ne sont complétement enlevées que par une fumigation sulfureuse. Les taches de melon, d'abricot, de pêches sont plus difficiles à enlever, et le savonnage ne les diminue que très-peu. Le meilleur moyen que l'on puisse employer pour les faire disparaître, est de les traiter par l'acide sulfureux liquide. On pourrait aussi employer l'eau de javelle, mais les dissolutions alcalines restent sans effet. Les taches occasionées par la pulpe des pommes de terre sont d'une nature plus rebelle encore. Elles ne sont attaquées ni par les savonnages, ni par les lessives, et elles ne cèdent qu'à l'action, souvent répétée, de l'acide sulfureux ou des chlorures. Il en est de même des taches de gaude et d'une infinité d'autres qu'il serait trop long de citer ; peu cependant présentent autant de fixité que les taches de pommes de terre.

Taches de Liqueurs.

Les taches de liqueurs présentent comme les taches de fruits, des caractères de fixité très-divers. Les taches de bière s'enlèvent par un simple savonnage; celles de vin et de cacis ne résistent pas à une fumigation sulfureuse, mais celles d'absinthe ne peuvent être enlevées que par un sulfure. Ce qui fait que l'absinthe produit une tache qui présente tant de résistance aux réactifs, c'est qu'elle contient une petite quantité d'indigo qui a été employé pour la colorer, et que cette substance ne peut être rendue soluble que par les sulfures.

TROISIÈME PARTIE.

PROCÉDÉS D'EXÉCUTION.

DÉGRAISSAGE DES TISSUS DE COTON OU DE LIN.

Dégraissage des toiles blanches.

Lorsqu'on veut dégraisser des tissus de coton ou de lin, on doit laver la tache dans de l'eau légèrement tiède, et continuer ce lavage jusqu'à ce que l'eau n'enlève plus rien. Alors on a recours au savon, et quand cette substance a produit tout l'effet qu'on en peut attendre, sans faire disparaître la tache, on emploie les réactifs que l'on juge les plus appropriés dans la circonstance où l'on se trouve.

Les toiles blanches tachées par des corps gras, peuvent être traitées immédiatement par une lessive alcaline caustique; mais il n'en est pas de même des toiles imprimées dont on altèrerait les couleurs. Ces dernières doivent être traitées par l'essence qui dissout la matière grasse; mais il faut observer de ne jamais appliquer l'essence sur une étoffe mouillée, car l'humidité s'opposerait sûrement à son effet.

Lorsque les taches demandent que l'on ait recours au gaz sulfureux, on se sert d'un entonnoir de carton sous lequel on brûle le soufre, et on repose les taches un peu au-dessus du bec de l'entonnoir. Si l'on voulait employer l'acide sulfureux liquide, on y travaillerait la tache comme si on la lavait dans de l'eau pure.

Nous observerons que les tissus de coton ou de lin ont rarement besoin de l'application du gaz sulfureux, et qu'il est plus commode de les traiter par l'eau de javelle qui ne leur fait éprouver aucun dommage lorsqu'on l'emploie avec précaution.

4*

Les taches de rouille sur les tissus blancs s'enlèvent avec de l'acide oxalique ; mais sur les tissus colorés, il faut user de cet acide avec beaucoup de ménagement, de crainte d'altérer les couleurs. Quoi qu'il en soit, on l'applique en poudre sur la tache humide, ou bien on le fait dissoudre, et on porte sa dissolution sur la tache à l'aide d'un petit linge. Les taches d'encre s'enlèvent de la même manière ; seulement on peut les exposer un moment à l'action de l'eau de javelle qui détruit la matière végétale, de telle sorte qu'il ne reste que l'oxide de fer, et que la tache est ensuite plus parfaitement enlevée par l'acide oxalique.

Les taches de peinture ne résistent pas aux lessives, et il n'est pas besoin de s'en occuper autrement lorsque les tissus peuvent y être exposés. Dans le cas contraire, il faut ramollir la tache avec du beurre, lorsqu'elle est ancienne, et la faire disparaître avec une terre absorbante, ou bien la ramollir et l'enlever avec de l'essence.

Les taches de résine, de poix, de térébenthine s'enlèvent avec de l'alcool ou des liqueurs alcooliques ; mais les lessives seraient suffisantes si les tissus pouvaient y être exposés.

Les étoffes légères de coton, telles que les robes, se savonnent de la manière suivante. On commence par enlever avec de l'essence toutes les taches grasses qui s'y trouvent, et qui ne manqueraient pas de reparaître après le savonnage. Ensuite on plonge la robe dans une dissolution de savon préparée d'avance, et de cette manière on la décrasse uniformément, ce qui n'aurait pas lieu si l'on frottait le tissu avec le savon.

Dégraissage et Mise à neuf des Indiennes.

Pour nettoyer et remettre à neuf toutes les indiennes, on commence, après avoir enlevé les taches de graisse, d'encre ou de fruits, par les fouler successivement sur quatre bains de savon un peu chargés, de manière qu'elles ne conservent aucune malpropreté dans le dernier bain. On les tord ensuite, on les passe sur de l'eau très-dure, comme est souvent l'eau de puits, et on les fait sécher promptement. Nous observerons que les étoffes doivent être travaillées avec vivacité dans les différens bains de savon, et que l'on doit ajouter à chaque bain quelques gouttes d'acide sulfurique, acétique, citrique ou tartrique, toutes les fois que les étoffes sont teintes en couleurs peu solides qui pourraient couler par l'effet du savonnage.

Lorsque les étoffes sont sèches, on les glace : à cet effet, on les frotte légèrement avec de la cire blanche, pour les fonds blancs, et avec de la cire jaune pour les fonds de couleur, et on les lustre ensuite en les frottant avec le glaçoir. Le glaçoir est une boule de verre à plusieurs faces, que l'on fait marcher en la tenant à la main.

Quelques dégraisseurs passent l'étoffe à l'amidon lorsqu'elle est sèche, et tandis qu'elle est encore humide de cet apprêt, ils la frottent avec de la cire et la polissent ensuite avec le glaçoir. De cette manière l'étoffe acquiert une roideur qui la rend cassante, et qui n'est pas propre à en prolonger la durée.

Les indiennes à fond de couleur peuvent se nettoyer aussi à l'aide de trois ou quatre légers bains de fiel sur de l'eau très-dure. Le fiel, préparé comme nous avons indiqué, ne ternit aucune couleur, et il produit de meilleurs effets que le savonnage, d'autant qu'il suffit pour faire disparaître les taches grasses.

Dégraissage des Mousselines brodées.

Les mousselines brodées et autres étoffes de coton brodées en coton, se travaillent comme les étoffes blanches, et demandent à être repassées au fer chaud et un peu humides. C'est le meilleur apprêt qui puisse leur être donné.

Dégraissage des Etoffes brodées en couleur ou en or et en argent.

Les étoffes de coton brodées en couleur ou en or et en argent se nettoient sur deux ou trois bains de savon froids, et sont rincées sur une eau très-dure, après quoi on les fait sécher rapidement. Nous observerons que le tems que l'on emploie à fouler les étoffes brodées en couleur sur le savon ne doit pas excéder dix minutes, et qu'elles doivent être séchées également en très-peu de tems. Sans ces précautions, on s'exposerait à faire couler la broderie sur le fond. Si cet accident arrivait, il faudrait détruire l'effet du coulage par deux ou trois bains de savon très-chauds ; mais les couleurs de la broderie souffriraient nécessairement beaucoup de ce remède.

Pour les broderies d'or et d'argent, il faut toujours ajouter quelques gouttes d'acide sulfurique à l'eau dure sur laquelle on les passe après les avoir savonnées, parce que l'eau acidulée a la propriété de rehausser l'éclat de l'or et de l'argent, et celui des couleurs de roucou qui sont au-dessous.

Lorsque l'on a des mousselines de couleur tachées de graisse, on peut les détacher par un moyen autre que ceux que nous avons indiqués, en appliquant l'endroit taché sur un fer légèrement chaud tenu dans une position renversée, et en recouvrant la tache de craie bien fine passée au tamis de soie. La graisse ne tarde pas à s'échauffer et à être absorbée par la craie que l'on promène avec une brosse douce. Lorsqu'on juge que la tache a disparu, on secoue la craie, ou on l'enlève avec une brosse ; et, s'il reste quelques traces de graisse après la première opération, on réitère l'application de la craie, jusqu'à ce que tout ait disparu.

Blanchissage des Tulles et Voiles de Tulle.

Pour blanchir les tulles de coton et de fil, il faut les travailler successivement dans plusieurs bains de savon chauds, en les frottant avec précaution entre les mains ; ensuite, on les rince dans de l'eau claire ; on les attache sur la rame avec des épingles, et on les frotte légèrement avec une éponge imprégnée d'une dissolution très-étendue de gomme adraganthe ; quelquefois on ajoute un peu d'amidon cuit à la gomme ; mais, dans tous les cas, on prend garde de ne pas coller le tulle avec la toile de la rame.

DÉGRAISSAGE ET REMISE A NEUF DES TISSUS DE LAINE.

Tissus légers de Laine blanche.

Pour dégraisser des tissus de laine blanche, il faut commencer par les laver à l'eau et au savon ; après quoi, on marque les taches qu'on y aperçoit, lorsqu'ils sont secs, et on les traite par les procédés qui semblent les plus convenables ; ensuite de cela , on les rince sur de l'eau claire, on les fait sécher, et, si l'on veut leur communiquer un blanc plus parfait, on les passe au soufre. Les tissus, après le soufrage, sont ordinairement calandrés ou passés en presse, et c'est là le dernier apprêt.

Lorsqu'on veut traiter le tissu par la substance propre à enlever les taches, on l'étend sur la table en pente ; on applique cette substance successivement sur toutes les taches, et on frotte avec une brosse demi-rude, pour que le tissu soit pénétré en entier. Voilà du moins de quelle manière on opère, quand on emploie du savon, du fiel de bœuf, ou une substance savonneuse quelconque ; mais quand on emploie de l'essence, on se sert d'une éponge fine ou de coton, au lieu de brosse, et l'on frotte mollement, jusqu'à ce que la tache ait disparu. On est dans l'usage de mettre un linge au-dessous de l'endroit taché que l'on travaille avec de l'essence, et ce linge sert de receptacle à la matière

grasse qui est entraînée. Lorsque l'opération est terminée, on lave à plusieurs
reprises à grande eau, et l'on fait sécher.

Dégraissage des Habits de Drap.

Lorsqu'on se propose de dégraisser un habit de drap, on commence par
le bien battre et par marquer avec du
savon toutes les taches qui se décou-
vrent; ensuite, on le place sur la table
en pente, et l'on travaille chaque tache
successivement avec du fiel de bœuf.
A cet effet, on porte du fiel sur les taches, et on les frotte avec la main,
comme si on les savonnait; et quand on
a opéré de même sur toutes, on fait un
mélange de huit parties d'eau contre
une de fiel, on en prend avec une brosse,
et on en frotte vivement l'habit dans le
sens du poil. Quand l'habit a été ainsi
bien brossé, on le tire avec la main dans
tous les sens, et on le place sur un demi-
cerceau pour le faire sécher. Quand il
est sec, il a beaucoup de brillant et de
lustre, et il ne reste qu'à lui donner un
coup de brosse pour l'assouplir.

Il arrive souvent que toutes les taches

ne sont pas de nature à être enlevées
par le fiel de bœuf, et alors on est obligé
de travailler chaque tache avec les réactifs qui lui sont appropriés ; on peut
aussi travailler les taches grasses avec
les essences ou les terres absorbantes, et
cela dispense de mouiller l'habit entièrement, comme il devient nécessaire de
le faire, lorsque l'on fait usage de fiel.
Quand on emploie les terres absorbantes,
on peut les appliquer sur la tache, à
l'état sec ou humide. Dans ces deux cas,
on les laisse un tems suffisant pour que
la réaction puisse s'exercer, après quoi,
on les enlève avec une brosse. Il est rare
qu'une seule application ne fasse pas
disparaître la tache, mais quand cela n'a
pas lieu, on recommence. La pierre à
détacher peut être employée de la même
manière ; seulement, il faut la réduire
en bouillie et l'appliquer constamment
sur la tache à l'état humide ; lorsqu'elle
est sèche, on l'enlève avec une brosse.

Les terres absorbantes et la pierre à
détacher ne conviennent que pour des
couleurs solides. Si les couleurs étaient
altérables, et que l'on ne voulût pas
mouiller tout l'habit, on aurait recours
aux essences, et c'est le moyen que nous

conseillons aux particuliers de mettre en usage, comme le plus simple et le plus expéditif. Les essences de lavande et de citron ne laissent qu'une odeur agréable et ne demandent aucun soin ultérieur dès que la tache a disparu; mais avec l'essence de térébenthine il faut couvrir la place mouillée avec de la cendre, du plâtre ou de l'argile pulvérisée, sans quoi il se formerait un cerne autour de la tache.

Lorsque les habits sont formés de parties d'étoffes de différentes couleurs, comme les habits d'uniforme, il est nécessaire de découdre toutes les parties qui ne pourraient résister au traitement que l'on devrait faire subir à l'habit entier; mais ce cas n'arrive que lorsque les parties distinctes du fond, comme les revers et les paremens sont en petit teint ; car autrement, il n'y a aucun inconvénient à ne découdre aucune partie. Ainsi les écarlates ou les cramoisis de Brésil ne pourraient pas subir sans être altérés, les opérations d'un dégraissage ordinaire; mais avec des soins, on peut préserver de toute altération, les nuances teintes par la cochenille ou la laque. Quant aux boutons, on les enlève lorsqu'ils sont d'acier, mais d'ordinaire on peut se dispenser de détacher ceux qui sont plaqués d'or ou d'argent.

Quoique les moyens que nous venons d'exposer pour le dégraissage des habits de drap, aient dû paraître assez simples, nous allons exposer d'autres procédés, qui pourront être facilement exécutés dans tous les ménages. Supposons qu'il s'agisse de décrasser un habit de couleur foncée, comme noir, bleu ou brun obscur. Après l'avoir battu pour en chasser toute la poussière et bien faire ressortir les taches, on applique sur toutes celles qui sont grasses, un peu de terre à foulon délayée, ensuite de quoi on le suspend et on le laisse sécher. Lorsqu'il est sec, on prépare une liqueur avec l'urine vieillie, un peu d'eau chaude, et un peu de potasse et de fiel ; on trempe une brosse dans cette liqueur, et on en frotte avec soin tout l'habit. Cette opération fait élever une écume semblable à celle d'un savonnage, et quand tout l'habit a été ainsi bien travaillé, on le passe sur de l'eau claire où on le dégorge jusqu'à ce qu'il ne salisse plus l'eau, et qu'il ne conserve aucune mauvaise odeur. Alors on le tire bien sur tous les sens, on le suspend sur un demi-cerceau, et quand il commence à sécher on le brosse bien avec une brosse un peu rude, dans le sens du poil; si l'on voulait lui donner un peu de brillant, on prendrait une goutte d'huile d'olive qu'on étendrait sur le creux de la main, et on le lustrerait avec la brosse que l'on passerait légèrement sur cette huile.

Ce dernier apprêt, généralement peu pratiqué, ne nous paraît guère bon que pour la livraison, parce que les étoffes qui l'ont reçu deviennent ternes dès qu'on les a portées quelquefois; aussi nous paraît-il préférable de préparer une dissolution très-légère de sandaraque dans l'alcool, d'en prendre quelques gouttes avec une brosse et d'en frotter l'habit si légèrement, que les sommités de la laine seules en soient humectées. Après cela on expose l'habit au grand air, et on le brosse de nouveau à sec avec une brosse rude.

Dégraissage des Tissus écarlates.

On peut dégraisser les tissus écarlates de plusieurs manières; et, avec des soins suffisans, on réussit également bien avec toutes. D'abord on peut procéder comme pour les autres tissus de drap, en frappant l'étoffe avec une baguette pour en faire ressortir les taches; après cela on marque ces taches avec du savon, on porte quelques gouttes de fiel sur chacune, et on les travaille successivement, de manière à faire mousser fortement le mélange de savon et de fiel; cela fait, on trempe une brosse dans du fiel étendu de sept à huit parties d'eau, et l'on frotte fortement tout l'habit dans le sens du poil. Alors on le tire dans tous les sens, on le suspend sur un demi-cerceau pour le faire sécher, et lorsqu'il est sec, on le brosse de nouveau fortement pour l'amollir.

Dans cet état, toutes les taches grasses qu'il y avait, ont disparu; mais à leur place, on aperçoit autant de rosures qu'il faut enlever. A cet effet, on les frotte avec du suc de citron, et si le suc ne paraît pas suffisant, on y met du jaune de l'écorce que l'on laisse trois ou quatre jours. Au bout de ce tems, les rosures ne paraissent plus. On pourrait encore frotter les rosures avec un linge blanc imprégné de dissolution d'étain, et ce moyen serait plus expéditif. On n'a pas oublié que lorsqu'on se propose d'employer la dissolution d'étain contre les rosures de l'écarlate, il convient de la faire réagir à froid sur un peu de crème de tartre et de cochenille.

Lorsque l'habit entier a pris une teinte rosée, il faut le travailler dans une eau tiède où l'on a mis un peu de crème de tartre et de dissolution d'étain, et cette manœuvre lui redonne toute la vivacité qu'il est susceptible d'acquérir.

Si l'habit était presque neuf, il ne conviendrait pas d'employer le fiel de bœuf pour le dégraisser ; les essences seraient de beaucoup préférables, et lorsque les taches de graisse seraient enlevées, on attaquerait les rosures avec la dissolution d'étain, le suc de citron ou le sel d'oseille. On conçoit que pour ne pas altérer la teinte de l'écarlate, et la faire porter trop au jaune, il faut avoir soin, après l'action de l'acide, d'enlever toutes les parties de cet acide avec un peu d'eau. Voici en un mot, comment on peut opérer pour enlever les rosures : on enveloppe l'index de la main droite, d'un linge blanc ; on le plonge dans la dissolution acide pour l'humecter, et on se sert ensuite de ce doigt ainsi recouvert, pour frotter la tache. Quand elle a disparu, ce qui ne tarde pas à avoir lieu, on met

une autre partie du linge autour de son
doigt, on l'humecte d'eau, et on s'en
sert pour frotter l'endroit où l'on vient
d'appliquer l'acide. Après cela, on frotte
avec le linge sec dans le sens du poil, jusqu'à ce que le tissu soit à peu près sec.

Si l'on n'avait pas d'essence et que
néanmoins il y eût quelques taches de
suif sur l'écarlate, on pourrait les travailler avec le fiel, mais en usant de
beaucoup de précaution. A cet effet, on
porterait une goutte de cette substance au
centre de la tache, on la ferait pénétrer
dans le tissu avec une aiguille mousse,
et l'on continuerait d'ajouter du fiel sur
la tache, en allant du centre à la circon-
férence, jusqu'à ce que tout le suif eût
été détruit. Alors on rincerait la tache
avec du suc de citron ou de la dissolution
d'étain affaiblie.

Le jaune d'œuf pourrait être employé
également avec succès pour les taches
grasses sur l'écarlate, et nous ne balan-
çons pas à en prescrire l'usage dans la
plupart des circonstances, d'autant qu'il
dérose en même tems toutes les taches.

Lorsque l'on a des vêtemens d'écarlate,
comme des mantes de femme, qui ont
besoin d'être simplement décrassées, ou

en travaille les parties les plus sales à la brosse avec du savon, après quoi on les foule sur deux bains de savon un peu chauds, mais en opérant assez vivement pour que la couleur n'ait pas le tems de se décharger. Cela terminé, on les dégorge en eau claire, et ensuite on leur fait perdre la teinte rosée qu'elles ont acquise, en les manœuvrant lentement sur de l'eau froide, à laquelle on a ajouté quelques gouttes de dissolution d'étain et un peu de tartre.

Dans le cas où le vêtement serait peu sale, on pourrait se dispenser des bains de savon, et se borner à employer de l'eau chaude dans laquelle on aurait mis un sachet de son. On passerait l'étoffe sur deux bains semblables, en ayant soin d'ajouter au dernier un peu de crème de tartre pulvérisée, et si elle en sortait un peu rosée, on la foulerait pendant quelques minutes sur de l'eau froide, où l'on aurait mis un peu de dissolution d'étain.

Les couleurs orange, grenade, coquelicot, etc., obtenues par la cochenille ou la laque, se travaillent absolument comme l'écarlate; mais il n'en est pas de même des couleurs rose, amaranthe, cramoisi, pourpre, violet, etc., celles-ci peuvent réclamer également, selon l'occasion, des bains de savon, de fiel ou de son, et même l'emploi d'une petite quantité de dissolution d'étain et de tartre, lorsque leur teinte a été obscurcie par des alcalis; mais très-souvent on a besoin de rehausser leur couleur maigrie par des sucs acides; et, dans ce cas, on a recours à une légère dissolution de sel de soude et de sel ammoniac que l'on porte sur l'endroit taché, ou dans laquelle on plonge le sujet entier, si l'altération s'étend sur tout le tissu.

Dégraissage des Tissus de Laine brodés ou brochés.

Les tissus de laine brodés ou brochés se travaillent rapidement sur des bains de savon très-chargés, et quand leur couleur est bonne, ils en sortent toujours parfaitement beaux; mais si leur couleur s'altérait partiellement dans le travail, il faudrait continuer jusqu'à ce que la dégradation fût partout la même. Si les tissus étaient brodés en soie, on emploîrait du fiel de bœuf au lieu de savon; on pourrait aussi se servir d'essence de térébenthine entre les taches grasses, en usant des précautions que l'emploi de cette substance rend nécessaires. Tous les tissus de laine brodés en couleur, ou en or, ou en argent, demandent à être passés à la calandre. Cet apprêt les rend comme neufs. Nous observerons que le travail dans les bains de savon recommandés pour les tissus brodés, doit se faire avec une grande célérité, et ne durer environ qu'un demi-quart d'heure.

Il serait superflu de répéter que, sur les tissus dont nous parlons, il peut se trouver d'autres taches que des taches grasses, et conséquemment, qu'avant d'apprêter l'étoffe, il est nécessaire de traiter toutes ces taches par les moyens qui lui sont appropriés.

Dégraissage des Mérinos, Casimirs, etc.

Les mérinos et les casimirs se dégraissent par le procédé que nous venons d'indiquer ; mais leur couleur est quelquefois si mauvaise et si altérée par l'usage seul, qu'on est obligé de les reteindre en entier, parce qu'il serait inutile de se borner

à en enlever les taches. En conséquence,
on doit procéder à leur teinture, en suivant la marche prescrite, à cet égard,
dans le *Traité de la Teinture des
Laines*.

Moyen de relever les Poils du Velours.

Lorsque le velours a été froissé dans
le dégraissage, ou par une autre cause
quelconque, on le relève à l'aide d'un
fer chaud que l'on tient dans une position renversée et sur lequel on applique
un linge mouillé. L'envers du velours
est mis sur ce linge, et le poil se trou-
vant alors imprégné d'une vapeur chaude, se relève facilement avec une brosse.
Ce procédé réussit également pour tous
les velours.

Manière de réparer au pinceau les Couleurs détruites.

Lorsque la couleur d'un tissu a été
détruite par une tache, on y remédie,
autant qu'il est possible de le faire, en
composant une nuance analogue par les
procédés que nous avons indiqués dans
notre *Traité de Teinture*, en parlant

des couleurs d'application et en portant
une partie de cette préparation sur la
tache avec un pinceau. Le pinceau dont
on se sert est en soies de cochon très-
rudes, et on appuie pour faire pénétrer
la couleur. Dès qu'elle est appliquée,
on la recouvre de sable pour l'empêcher
de s'étendre, et on l'expose à la vapeur
au-dessus d'un vase d'eau bouillante.
Après cela, on sèche au feu, on main-
tient long-tems la chaleur, et l'on brosse
pour faire tomber le sable.

DÉGRAISSAGE ET REMISE A NEUF DES TISSUS DE SOIE.

Observations générales sur le Dégrais-sage des Tissus de Soie.

Lorsqu'on se propose de dégraisser
des étoffes de soie, il faut recourir,
comme pour les étoffes de laine, à des
moyens appropriés à la fois à la nature
de la tache, ainsi qu'à celle du tissu
et de la couleur.

Les taches de graisse, sur les étoffes
de soie blanches ou teintes, doivent se
traiter généralement par les essences ;
mais lorsqu'on emploie l'essence de té-

rébenthine et que la tache a disparu, on a soin de couvrir la place humectée avec une poudre très-fine. Pour les blancs, on se sert de plâtre en poudre, et pour les couleurs, d'argile, de terre à pipe ou de cendres passées au tamis de soie.

Les étoffes de soie ne se lavent pas après cette opération, et l'on se contente de les brosser ; mais s'il y en avait que l'on eût été obligé de mouiller, il suffirait, pour leur rendre leur apprêt, de les imprégner d'une dissolution très-légère de gomme adraganthe, de les exprimer avec force et de les faire sécher à la rame. On appelle rame, un cadre de bois sur lequel repose une toile fortement tendue. On attache les étoffes de soie sur cette toile avec des épingles, et lorsqu'elles sont sèches, leur apprêt est ordinairement terminé.

Les rubans ne s'attachent pas à la rame, et le seul apprêt qu'on leur donne consiste à les imprégner d'une dissolution de colle de poisson très-légère, et à les repasser avec un fer chaud, en les faisant glisser entre deux feuilles de papier.

Les étoffes de soie légères, telles que

les taffetas des Indes ou de Florence, ainsi que les satins, les croisés et les damas pour meubles, se nettoient et se reteignent avec une assez grande facilité, et se foulent très-bien au savon; les étoffes dures, telles que le gros de Naples et le gros des Indes, se nettoient et se reteignent moins bien, et l'on ne doit les dégraisser qu'à l'essence. Les autres étoffes, après avoir passé au savon, doivent en être bien dégorgées, hormis celles qui sont blanches et que l'on destine au soufrage; car il est constant que le soufrage réussit toujours mieux sur des étoffes qui retiennent un peu de savon. Les damas et les autres étoffes pour meubles ne demandent pour tout apprêt que la calandre ou le cylindre.

Dégraissage du Satin blanc et des Soieries blanches.

Les soieries blanches se nettoient très-bien au savon, en les travaillant successivement dans deux ou trois bains à la température la plus élevée que l'on puisse supporter. Il est même souvent à propos de les faire bouillir dans la dissolution de savon, après quoi, on les passe au soufre; on a soin d'ajouter un peu de bleu au dernier bain de savon ; autrement, au sortir des savonnages, il serait nécessaire de les passer sur une eau de puits dans laquelle on aurait mis un peu de bleu.

Les pièces soufrées, on les attache sur la rame avec des épingles, en observant de les tenir, partout bien tendues, et on les mouille légèrement avec une éponge imprégnée d'une faible dissolution de gomme adraganthe. Au sor- de là, elles ont beaucoup de fraîcheur et de lustre. Quelques dégraisseurs, au lieu de mouiller l'étoffe avec une éponge, la plongent en entier dans la dissolution gommeuse, l'expriment bien, et ensuite la font sécher à la rame.

Il faut avoir soin, en préparant la dissolution de gomme adraganthe, de la passer à travers un linge fin, pour la purger de toute odeur étrangère. On obtiendrait un plus bel apprêt, si l'on employait la colle de poisson seule, ou même au blanc de baleine. Quelques teinturiers emploient la colle commune ou de Flandre, mais cet apprêt est inférieur à celui que produit la gomme adraganthe, et tout aussi cher.

Le traitement que nous venons de prescrire, convient pour les tissus dont le blanc est simplement sale et terni; mais si ces tissus présentaient, en outre, des taches, il faudrait les traiter par les réactifs appropriés, avant que de les passer au savon; ainsi, l'on attaquerait les taches grasses avec l'essence de térébenthine, et celles de rouille avec l'acide oxalique. On ne laisserait que celles-là seules que l'on saurait devoir être entraînées par le savonnage.

Les satins et autres étoffes blanches légères demandent toujours un apprêt de colle ou de gomme, mais cet apprêt n'est pas nécessaire pour les étoffes dures qu'il suffit de passer à la calandre.

Quelques dégraisseurs blanchissent les satins sans les soufrer, et les travaillent d'une manière qui peut être facilement imitée dans tous les ménages. En effet, ils les foulent sur deux ou trois dissolutions de savon, les rincent dans de l'eau tiède, puis, dans de l'eau froide, et les font sécher; ils terminent, en les brossant avec précaution dans le sens du poil; après cela, ils les passent à la calandre, et s'ils n'en ont pas, ils les humectent légèrement à l'envers avec une très-faible dissolution de colle de poisson.

Dégraissage des Soieries de couleur.

La conduite de l'opération, pour le dégraissage des soieries de couleur, est subordonnée à la nature de la couleur dans laquelle est teinte l'étoffe que l'on se propose de dégraisser, et nous pouvons répéter ici, à meilleur titre, une observation que nous avons déjà présentée en parlant des mérinos : c'est qu'il y a une multitude de tissus dont la nuance est si altérable et si fugace qu'il est inutile de chercher à les dégraisser, et qu'il faut, ou les user tels qu'ils sont, ou les donner à reteindre. De ce nombre sont les bleus de Saxe, et même les bleus Raymond ou de prussiate de fer, les jaunes de curcuma et les roses de carthame. Il y a encore une infinité d'autres nuances que l'on produit avec ces matières colorantes alliées ensemble, et qui ne conservent qu'un éclat passager que rien ne peut faire renaître. Ainsi,

il serait inutile de tenter de travailler
ces tissus, comme on travaille ceux qui
sont teints en couleurs solides. Ce que
l'on peut faire, lorsqu'ils ont reçu quelque tache d'huile, c'est de les traiter par
les essences de lavande ou de citron, car
en appliquant la terre pulvérisée, comme
l'emploi de l'essence de térébenthine le
rend nécessaire, on s'exposerait à faire
souvent une tache.

Les étoffes de soie teintes en bleu ou
en violet bon teint, peuvent se dégraisser sur une dissolution de savon à laquelle on a ajouté un peu de potasse.
On les travaille sur cette dissolution,
comme on ferait tout autre tissu, et lorsqu'elles semblent suffisamment net-
toyées, on les tord, après les avoir enve-
loppées dans un linge blanc. Pour les
tordre ainsi, on étend le linge sur une
table, on met dessus l'étoffe de soie, et
l'on roule ensemble les deux tissus de
manière à ne pas fatiguer la soie en tor-
dant. Cette opération est ce qu'on appelle *draper*, et elle précède toujours la
torsion des tissus de soie.

Lorsque l'étoffe a été ainsi tordue, on
applique à l'envers, avec une éponge,
une très-légère dissolution de colle de

poisson ou de gomme adraganthe; on drape de nouveau, on tord vivement, et on attache l'étoffe sur la rame avec des épingles. Quelquefois on ajoute quelques atomes de potasse à la dissolution de colle, afin de donner un peu plus de lustre à la couleur.

Lorsque l'on a à dégraisser des tissus d'autre couleur, et que l'on a reconnu que leur nuance est assez solide pour résister au savon, on les foule rapidement à froid sur deux ou trois bains savonneux, et si l'on s'aperçoit que la couleur se décharge, on les enlève et on les plonge aussitôt dans de l'eau froide que l'on a rendue dure par l'addition de quelques gouttes d'acide sulfurique. Il faut avoir soin de ne pas trop ajouter d'acide, parce qu'il y a beaucoup de nuances qui se trouveraient altérées par cette addition. Ce sont surtout les jaunes, les verts, les cramoisis, les marrons, qu'une eau trop acidulée pourrait altérer. Aussi lorsque l'on travaille sur ces couleurs, est-il convenable d'employer du suc de citron ou du vinaigre, de préférence à l'acide sulfurique.

Pour beaucoup de couleurs, comme pour les verts de bois d'Inde et de gaude, il est avantageux de passer les tissus, au sortir du dégraissage, sur une légère dissolution d'un sel de cuivre; pour d'autres, le sulfate de fer est préférable; et pour d'autres enfin, il faut employer la dissolution d'étain et le tartre.

Les nuances puce, prune, carmelite, peuvent se traiter par deux ou trois bains de savon à froid, donnés très-vite. Ces nuances, si on les passait sur une eau acidulée, craindraient un excès d'acide, mais si elles avaient été légèrement rougies ou jaunies de cette manière, elles reprendraient leur teinte dans une eau contenant un peu d'alcali.

Les soies noires peuvent se dégraisser au fiel de bœuf que l'on étend avec une quantité suffisante d'eau chaude, et dont on forme une sorte de composé savonneux dans lequel on foule bien les étoffes. Au sortir de là, les soies sont dégorgées dans de l'eau claire, et lorsqu'elles ne conservent aucune impureté, on les étend sur la rame ; dès qu'elles sont sèches, on les frotte sur le côté de l'envers avec une éponge imbibée d'une dissolution de colle entièrement claire ; on les drape, on les tord, et on les tire de nouveau sur la rame avec des épingles.

Les étoffes de soie qui se nettoient le

mieux sont les satins, les taffetas légers,
les florences, les levantines et les damas
pour meubles ou pour vêtemens. Toutes
ces étoffes, lorsque leur nuance est bonne,
peuvent se traiter par des bains de savon. Quand elles sont sales, on les ap-
prête à la colle de poisson ou à la gomme
adraganthe, comme il a été dit déjà
plusieurs fois.

Lorsque ces étoffes ont une couleur
brune ou très-altérable, comme cela arrive souvent, on peut les travailler au
fiel de bœuf comme nous avons prescrit
pour le noir ; on a soin cependant, lorsqu'on opère sur des couleurs claires, de
n'employer que du fiel de bœuf purifié.

Les étoffes dures, telles que les gros
de Naples et des Indes, se dégraissent
et se reteignent toujours mal. On ne peut
guère les travailler qu'à sec, c'est-à-dire
enlever isolément autant de taches qu'il
est possible, avec de l'essence ou d'autres réactifs qui n'entraînent pas dans
la nécessité de mouiller l'étoffe ; mais
jamais on ne doit les traiter par des dissolutions savonneuses ; on ne donne au
damas et autres étoffes d'ameublement,
pour tout apprêt, que la calandre ou le
cylindre. On a soin de les bien nettoyer
à la brosse, avant que de les fouler au

savon, et on les rince bien au sortir du savonnage, parce que le savon forme une poudre blanche désagréable sur les tissus secs. Il n'y a que dans le cas où l'on se proposerait de les passer au soufre que l'on pourrait les laisser sur leur savon.

Nous répéterons en terminant une observation que nous avons déjà présentée, c'est qu'avant de travailler une étoffe de soie, quelle qu'elle soit, dans un bain de savon, et même, avant que de la mouiller, il faut faire disparaître avec de l'essence toutes les taches grasses qui s'y trouvent.

Dégraissage des Etoffes de Soie brodées ou brochées en couleur, ou en or, ou en argent.

Pour le dégraissage des étoffes de soie brodées, il faut examiner d'abord si le tissu est de ceux qui peuvent être foulés au savon ; s'il n'en est pas, il faut nettoyer partout ces étoffes avec de l'essence de térébenthine, et couvrir de plâtre les endroits mouillés, si le fond est blanc, ou de terre glaise en poudre si le fond est de couleur. Si les étoffes brodées qu'il est question de dégraisser sont de satin, il est plus à propos de les fouler rapidement sur deux ou trois bains de savon froids, après quoi on les rince sur une eau de puits très-propre, et on les fait sécher en peu de tems. Il convient de faire cette opération dans un tems sec, afin de pouvoir achever promptement. Dans le cas contraire, il faudrait employer une étuve.

Il pourrait arriver que les couleurs de la broderie commençassent à se décharger dans les savonnages. Si cela arrivait, on devrait retirer aussitôt les étoffes du bain de savon, et les plonger dans une eau très-dure. On sait que l'on se procure de l'eau dure en versant quelques gouttes d'acide sulfurique dans l'eau commune. Si la broderie avait déjà sensiblement coulé sur le fond, il n'y aurait plus de remède qu'en foulant les pièces rapidement sur un ou deux bains de savon très-chauds, de manière à faire disparaître l'effet du coulage. On sent bien que cela ne pourrait se faire sans altérer les nuances de la broderie ; mais cet inconvénient serait moins désagréable que celui qu'auraient présenté des couleurs coulées. Les tissus de soie brodés en couleur, ou en or, ou en argent, doivent être passés au cylindre ou à la calandre.

La promptitude du travail sur les bains

de savon, la célérité du séchage et l'emploi d'une eau très-dure pour y plonger
les tissus au sortir du savonnage, sont
des précautions indispensables pour éviter l'accident du coulage. Dans ce cas, la
manière de faire est presque tout.

Les tissus brodés en couleur ou en or
et en argent se travaillent de la même
manière ; seulement il faut employer
une eau encore plus dure, parce que l'a-
cide rehausse les couleurs de roucou qui
sont sous l'or.

Les étoffes dont nous venons de parler pourraient être traitées également
par le fiel purifié, et l'on obtiendrait de
bons résultats.

Les schals de soie, ou bourre de soie
brochés en couleur, se dégraissent comme
les tissus précédens ; seulement lorsque
les couleurs sont solides et résistantes, on
peut employer des bains de savon chauds
qui agissent avec plus d'énergie. Dans
tous les cas, il faut manipuler avec une
grande vivacité, et au sortir du dernier
bain de savon, plonger les objets dans
une eau dure ou légèrement acidulée.
L'acide employé à cet effet, n'est pas
toujours l'acide sulfurique ; le vinaigre,
le jus de citron et la dissolution d'étain,

conviennent quelquefois davantage. Cela dépend des couleurs sur lesquelles on opère, et de la nature des substances qui ont servi à les obtenir.

Lorsque l'étoffe sort de l'eau acidulée, on la passe entre les mains pour l'égoutter, on la drape ensuite, on la tord avec force, et on l'attache sur la rame dans une étuve pour la sécher promptement. Lorsqu'elle est sèche, on la passe au cylindre ou à la calandre.

Soies reteintes.

Lorsque l'on se propose de reteindre des étoffes de soie, il faut d'abord les purger de toutes leurs taches grasses, parce que ces taches reparaîtraient sous la teinture. Après cela, on les fait bouillir dans une dissolution de savon, on les rince avec soin, et elles sont prêtes à recevoir l'alunage. Il n'est pas de notre objet de transcrire ici des préceptes qui ont déjà trouvé place dans le traité de la teinture des soies ; nous observerons seulement que lorsque les étoffes sont teintes, et que la teinture qu'elles ont reçue, a nécessité leur alunage, il faut les passer sur de l'eau très-chaude, afin de les purger de tout l'alun excédant, parce que l'alun nuit à la beauté de l'apprêt, et en ternit tout le lustre.

Les étoffes de soie reteintes s'apprêtent à la rame avec de la colle de poisson, mais plus souvent avec de la gomme adraganthe. Quelques teinturiers emploient la colle commune, mais cet apprêt est toujours d'un mauvais effet.

Nettoyage et Blanchissage des Bas de soie.

Le blanchissage des bas de soie ne présente aucune difficulté, et peut s'exécuter d'une manière satisfaisante dans tous les ménages. Les bas blancs se traitent d'abord par plusieurs bains de savon très-chauds, après quoi, lorsqu'ils ne conservent aucune malpropreté, on les introduit dans un nouveau bain de savon que l'on porte à l'ébullition et auquel on ajoute un peu de bleu. Comme le savon n'endommage pas la soie, les bas prennent beaucoup de lustre dans ce travail, et lorsqu'ils ont été fortement tordus à sec, et passés au soufre, ils paraissent avec tout l'éclat de la nouveauté. Au sortir du soufre, on les met en forme pour achever de les faire sécher, et lorsqu'ils sont secs, on les frotte avec un morceau de drap pour leur donner du brillant, ou avec un verre pour les glacer.

Lorsque l'on se propose de les moirer, on commence par en mettre un en forme à la manière ordinaire, de telle sorte que l'endroit se trouve en-dehors. Ensuite on chausse le second par-dessus, en le mettant à l'envers, et les deux endroits se trouvent alors l'un contre l'autre. Dans cette position, on les frotte avec un morceau de bois, en forme de champignon, dans le sens de leur longueur et en travers, et au sortir de là, les bas se trouvent moirés.

Lorsque les bas sont de couleur, on substitue le fiel purifié au savon, et on n'a pas recours au soufrage. Du reste, on leur fait subir les autres apprêts. Les bains de fiel se donnent à froid ou à tiède, et ils sont toujours suivis d'un bon rinçage en eau pure.

Il n'est pas nécessaire de répéter que, quelle que soit la couleur des bas, on doit en enlever les taches de graisse, ou autres taches qui demandent un traitement particulier, avant que de les soumettre aux bains savonneux.

Blanchissage des rubans.

Lorsque l'on veut blanchir les rubans blancs, il faut les mettre dans un sac de toile claire, les fouler sur plusieurs bains de savon très-chauds, et les faire bouillir sur le dernier auquel on ajoute un peu de bleu. Au sortir de là, on les tord fortement, on les passe au soufre, on les imbibe d'une très-légère dissolution de colle de poisson, on les tord de nouveau fortement, et au lieu de les étendre sur la rame pour achever de les faire sécher, on les repasse au fer chaud. A cet effet, on met une couverture sur une table, et l'on dispose deux feuilles de papier de manière à pouvoir faire glisser aisément le ruban entre elles. Alors on appuie le fer d'une main, et de l'autre on tire vivement le ruban qui prend beaucoup de lustre dans cet apprêt.

Les rubans de couleur dont la teinte est assez bonne pour résister au blanchissage, se traitent suivant le degré de solidité des couleurs, par le fiel ou par des bains de savon. Lorsqu'ils sont suffisamment décrassés on les passe sur une

très-légére dissolution de colle de poisson, on les tort avec force, et on les
repasse comme nous venons de le dire.

Nous observerons que, lorsque l'on
veut communiquer un très-beau blanc
aux rubans blancs, il faut ajouter un
peu de blanc de baleine à la dissolution
de colle de poisson.

Comme la teinture des rubans est
très-facile, et qu'elle peut être faite sans
difficulté et sans appareil dans tous les
ménages, nous allons nous étendre un
peu sur les moyens qu'il faut employer à
cet effet.

Lorsque l'on se propose de teindre
des rubans, il faut les enfermer dans un
sac, les fouler sur plusienrs bains de savon très-chauds, et les purger de toute
souillure. C'est dans cet état après en
avoir bien fait partir le savon, ou du
moins pour la plupart des nuances, que
l'on peut commencer à les teindre.

La teinture des rubans, en général,
s'exécute comme celle de toutes les étoffes
de soie, par les procédés que nous avons
indiqués dans un Traité particulier ;
mais leur teinture en bleu, en jaune,
en rose, en orange et en vert, ne présente aucun embarras, même pour

des personnes tout-à-fait étrangères à l'art de teindre, parce que l'on peut obtenir ces nuances avec la dissolution sulfurique de l'indigo, le curcuma dissous dans l'esprit-de-vin, le roucou et le rose que l'on vend en tasse, et que les moyens de mettre ces subtances en œuvre sont de la dernière simplicité.

Lorsque les rubans sont teints, on les débarrasse de l'humidité surabondante, en les pressant entre deux petits cylindres très-rapprochés. Après cela, on les passe dans la dissolution de colle de poisson, on les égoutte de nouveau, et pour les lustrer, on les repasse, comme nous avons prescrit, en les tirant d'une main entre deux feuilles de papier, et en les pressant de l'autre avec un fer chaud.

Blanchissage des Gazes et Blondes.

Pour blanchir les gazes, on les introduit dans un sac de toile claire, et on les passe successivement dans trois bains de savon chauds, sans les fouler de peur de les érailler, mais en ayant soin de les frapper dans les mains. Au sortir du dernier bain on les égoutte autant que possible, et on les passe sur de l'eau claire, avec un peu de bleu. On pourrait aussi leur donner le bleu sur le dernier bain de savon. Quoi qu'il en soit, lorsque les gazes ont reçu leur bleu et qu'elles sont bien égouttées, on les passe au soufre, et au sortir de là on leur donne un apprêt avec de la gomme adraganthe. Cet apprêt peut se donner de deux manières, soit en plongeant les gazes dans la dissolution de gomme, et les attachant ensuite sur la rame avec des épingles ; soit en commençant par les étendre et les mouillant légèrement avec une éponge imbibée de dissolution gommeuse. Dans ce dernier mode de procéder, on applique la gomme avec assez de soin pour ne pas coller ensemble la gaze et la toile.

Si l'on voulait donner aux gazes un apprêt plus ferme, et, en terme de l'art, les *plâtrer*, on délayerait avec soin de l'amidon dans la dissolution gommeuse, sans le faire cuire ; on mouillerait les gazes dans cet apprêt, après quoi on les fixerait avec des épingles au-dessous d'une toile tendue horizontalement, et pour les sécher, on ferait aller et venir sur cette toile, une poêle dans laquelle il y aurait un peu de feu. On pourrait

apprêter de cette manière des pièces entières, en faisant plusieurs levées et dé-
tachant les premières à mesure qu'elles
seraient sèches.

Cependant il y aurait une chose à observer, relativement à ces pièces, qui
sont ordinairement fabriquées en soie
écrue ; c'est qu'il faudrait, avant que de
les apprêter, les dégommer et les cuire,
en les tenant, pendant une demi-heure,
dans une forte dissolution très-chaude,
et les faisant ensuite bouillir dans une
nouvelle dissolution, pendant quatre
heures. C'est à la suite de ces opérations,
que l'on pourrait les passer au soufre et
puis les plâtrer.

Pour blanchir les blondes, on suit
absolument les mêmes procédés que
nous venons d'indiquer pour les gazes.
Si l'on avait des robes de gaze ou de
blonde à blanchir, il faudrait nécessairement les découdre, afin de pouvoir
attacher et gommer séparément chaque
morceau sur la rame.

Dégraissage des Voiles de Dentelle noire.

Pour dégraisser les voiles de dentelle

noire, on prépare un bain chaud de fiel de bœuf étendu d'eau, et on les travaille dans ce composé savonneux, jusqu'à ce qu'ils soient parfaitement décrassés; alors, on les rince avec soin sur de l'eau claire, de manière à ne leur laisser aucune mauvaise odeur, et on les plonge ensuite dans une légère dissolution de colle de poisson. Au sortir de là, on les presse entre les mains pour les débarrasser de tout le liquide surabondant, et on les attache sur la rame avec des épingles. On pourrait les fixer sur la rame, si on le voulait, avant que de les attacher avec des épingles; mais, dans ce cas, il faudrait leur donner l'apprêt de colle, en les mouillant avec une éponge.

DÉGRAISSAGE D'OBJETS DIVERS.

Blanchissage des Plumes.

Pour blanchir les plumes blanches, on les travaille dans une dissolution de savon un peu chaude; mais ce travail exige beaucoup de soin, pour que les plumes ne se trouvent pas endommagées. En conséquence, on tient les plumes par leur gros bout avec la main gauche, et avec la droite, on les presse légèrement dans toute leur longueur, en réitérant longuement la même manœuvre. Après les avoir ainsi travaillées sur un premier bain, on les passe sur un second et quelquefois un troisième, et au sortir de là, on les met au soufre.

Lorsqu'on veut les faire sécher, il n'est pas inutile de les prendre par le gros bout et de les agiter doucement devant le feu. Ce mouvement détache toutes les barbes les unes des autres, et donne à la plume plus de volume et de grâce.

Les plumes de couleur se travaillent sur des bains tièdes de fiel purifié étendu d'eau. On les y manœuvre de la même manière, mais il faut avoir soin, au sortir de là, de les rincer sur de l'eau bien claire, jusqu'à ce que toute leur odeur se soit dissipée. On prend aussi les mêmes précautions pour les faire sécher, mais on ne les soufre pas.

Blanchissage des Chapeaux de Paille.

Pour procéder au blanchissage des

chapeaux de paille, on en détache la coîffe et tous les ornemens; après quoi, on les pose sur une forme très-propre en bois blanc. Dans cette situation, on les frotte partout légèrement avec une dissolution de potasse bien claire et marquant environ un degré; et, quand on les a bien décrassés et nettoyés de cette manière, on remplace la dissolution de potasse par une très-légère dissolution de savon, et on continue de passer encore l'éponge dessus pendant quelques tems, après quoi, on les expose au soufrage.

Pour les apprêter, on les mouille de nouveau avec l'éponge imbibée d'eau de riz et d'amidon, et on les repasse légèrement avec un fer chaud, en mettant un papier gris entre la paille et le fer. Leur apprêt est alors terminé, et on peut leur attacher de nouveau la coîffe et les ornemens.

Manière de nettoyer les Gants et Culottes de Peau de Daim.

Pour nettoyer les gants et culottes de peau de daim, on prépare une légère lessive de potasse que l'on fait tiédir, et on les y foule pendant quelque tems; on les travaille ensuite sur deux bains de savon, et au sortir de là, on les fait sécher en peu de tems. On a soin, avant que de les porter au sec, de les retourner sens dessus dessous, l'envers au dehors.

Blanchissage du Papier jauni par la Vétusté.

Pour blanchir les gravures, les cartes ou les livres imprimés, jaunis par la vétusté ou salis par l'encre, on prépare une légère dissolution de chlorure de chaux dans un baquet revêtu de plomb, et on y introduit les gravures, les cartes ou les feuilles du livre détachées, en les séparant avec de petits liteaux de bois blanc. On laisse réagir ainsi le chlorure pendant quelque tems, on renouvelle la dissolution, si on le juge à propos, et quand l'effet que l'on voulait en obtenir est produit, on vide le baquet à l'aide d'un robinet placé dans le bas, on le remplit d'eau pour laver les feuilles, et on répète ce lavage deux ou trois fois. Au sortir de là, on étend les feuilles sur des toiles inclinées.

Lorsque les feuilles sont tachées de graisse, on les traite par une légère dissolution de potasse caustique, dans le même baquet et avec les mêmes précautions; après quoi, on les lave et on les étend.

Dégraissage des Couvertures de Laine et de Coton.

Pour dégraisser les couvertures de laine, on leur donne ce qu'on appelle une *eau de terre*, dans une pile de moulin à foulon; ensuite, on les dégorge de leur terre, on les travaille avec un peu de savon, et quand le savon a bien moussé, on les dégorge de nouveau, et elles sont sur leur blanc. Si l'on voulait porter leur blancheur au plus haut degré, on leur donnerait un peu de bleu, en les passant sur une dissolution de savon très-légère, on les tordrait et on les porterait au soufrage.

Cette manière de dégraisser les couvertures n'est pas praticable dans tous les ménages; mais l'on peut toujours leur donner un blanc suffisant, en les travaillant sur deux ou trois bains de savon chauds que l'on rend plus actifs par l'addition d'un peu de potasse. Comme le savonnage à la main d'objets si volumineux serait très-pénible, on a recours à une forte poupée de bois avec laquelle on foule les couvertures dans le baquet qui contient le bain savonneux. Au sortir de là, on les dégorge en eau claire, on les tord aussi fortement que possible, et on les étend.

Ce dernier moyen peut être suivi avec le même succès pour les couvertures de coton et autres grosses étoffes, comme courte-pointes, toiles à matelas, etc.

Dégraissage des Étoffes de Laine après le Tissage.

Le dégraissage des étoffes de laine après le tissage est d'une si grande importance dans la fabrication des draps, qu'il pourrait fournir aisément la matière d'un traité particulier, et donner lieu à des observations très-intéressantes ; mais, dans ce moment, nous ne le considérerons que d'une manière générale, et comme un objet qui ne se rattache qu'indirectement aux matières dont nous traitons.

Le dégraissage des étoffes de laine après le tissage, a pour objet de les dépouiller de l'huile dont on avait imprégné la laine, pour en faciliter le cardage et la filature. On le pratique, en introduisant l'étoffe dans une pile avec de la terre à foulon délayée, et lui faisant éprouver, dans cette pile, l'action long-tems continuée de lourds marteaux de bois. Lorsque la terre a bien pénétré dans tout le tissu et que l'on juge que l'huile a été absorbée, on débouche de petites ouvertures qui se trouvent au fond de la pile et que l'on avait tenues fermées jusqu'à ce moment, et l'on fait arriver un courant d'eau sur l'étoffe, en continuant de la faire travailler par les marteaux, jusqu'à ce que l'eau sorte claire. On la retire alors, et si l'on a eu soin de la faire tremper pendant quelques jours dans un courant d'eau, avant que de la travailler avec de la terre, elle se trouve suffisamment dégraissée. D'ordinaire, on laisse l'étoffe pendant sept à huit jours au trempoir, et même on la travaille plusieurs fois avec de la terre ; mais, quand on ajoute à la terre un peu de potasse, on peut abréger le tems du trempage, et ne le faire durer que vingt-quatre heures.

Depuis quelque tems, on dégraisse les tissus de laine, en les passant entre des cylindres cannelés qui tournent au-dessus d'un baquet où l'on a mis de la terre à foulon délayée et une petite quantité d'alcali. Lorsqu'ils sont dégraissés, on les introduit dans une pile où on les dégorge. Lorsqu'on suit cette manière d'opérer, les étoffes sont moins feutrées après le dégraissage, que lorsqu'on les dégraisse entièrement dans la pile, parce que la pression des cylindres foule moins que le choc des marteaux.

Dans les méthodes que nous venons d'exposer, l'huile est absorbée à l'aide de la pression des cylindres ou du choc des marteaux, par la terre à foulon ou une composition savonneuse. Mais l'on suit, dans quelques endroits, un procédé dans lequel on facilite la séparation de l'huile par un commencement de fermentation. A cet égard, on prépare un mélange de fiente de cochon et d'urine putréfiée, on en imprègne l'étoffe que l'on roule en tas, et lorsqu'il s'y est établi une fermentation que l'on a soin de ne pas laisser devenir trop

active, on la travaille soit entre des cylindres, soit dans une pile; du reste, la
manière dont on procède dans ce travail
et dont on dégorge l'étoffe, est la même
que dans les autres méthodes de dégraissage.

FIN.

TABLE

DES MATIÈRES.

—

PREMIÈRE PARTIE.

ÉTUDE DES DIFFÉRENTES SUBSTANCES EMPLOYÉES DANS LE DÉGRAISSAGE.

ACIDES.

ALCALIS.

COMPOSITIONS SAVONNEUSES.

ESSENCES.

SECONDE PARTIE.

TROISIÈME PARTIE.

PROCÉDÉS D'EXÉCUTION.

DÉGRAISSAGE DES TISSUS DE COTON ET DE LIN.

DÉGRAISSAGE ET REMISE A NEUF DES TISSUS DE LAINE.

FIN DE LA TABLE.